Carl-Auer

Roswita Königswieser • Martin Hillebrand

Einführung in die systemische Organisationsberatung

Unter Mitarbeit von Johann Ortner

Elfte Auflage, 2023

Umschlaggestaltung: Uwe Göbel
Umschlag: Heiner Eiermann
Satz: Verlagsservice Hegele, Heiligkreuzsteinach
Printed in Germany
Druck und Bindung: CPI books GmbH, Leck

MIX
Papier | Fördert gute Waldnutzung
FSC® C083411
www.fsc.org

CPI klimaneutral
Mehr Bäume. Weniger CO_2

Elfte Auflage, 2023
ISBN 978-3-89670-667-6 (Printausgabe)
ISBN 978-3-8497-8441-6 (ePub)

Bibliografische Information der Deutschen Nationalbibliothek:
Die Deutsche Nationalbibliothek verzeichnet diese Publikation in der Deutschen Nationalbibliografie; detaillierte bibliografische Daten sind im Internet über http://dnb.d-nb.de abrufbar.

Informationen zu unserem gesamten Programm, unseren Autoren und zum Verlag finden Sie unter: **https://www.carl-auer.de/**.
Dort können Sie auch unseren Newsletter abonnieren.

Carl-Auer Verlag GmbH
Vangerowstraße 14 • 69115 Heidelberg
Tel. +49 6221 6438-0 • Fax +49 6221 6438-22
info@carl-auer.de

Inhalt

Vorwort

Noch vor wenigen Jahren wäre es schwer denkbar gewesen, für eine breitere Leserschaft aus unterschiedlichen Berufsfeldern eine Einführung in systemische Organisationsberatung auf den Markt zu bringen. Mittlerweile hat sich der systemische Ansatz aus seiner Nischenexistenz mit Geheimtippimage zu einer salonfähigen, attraktiven Organisationsberatungsmethode in Wirtschaft und in Non-Profit-Organisationen entwickelt. Die Qualifizierungsprogramme boomen und Veränderungsmanager wie konventionelle Berater interessieren sich für die Anwendung des Ansatzes, wenn traditionelle Methoden versagen.

Allerdings ist die Aneignung dieses Ansatzes nicht so einfach, da es sich letztlich um eine Haltung und damit um mehr als um kognitiv erlernbares Know-how handelt. Aus langjähriger Beratererfahrung und aus der Durchführung von Qualifizierungsprogrammen für systemische Organisationsberatung wissen wir, dass dieses Lernfeld zu den schwierigsten, aber auch nachhaltigsten zählt.

An dieser Stelle wollen wir gleich darauf hinweisen, dass es hier um die Darstellung *unseres* Beratungsansatzes geht, der nicht den Anspruch erhebt, der einzige oder einzig richtige in der systemischen Organisationsberatung zu sein.

Diese knappe Einführung in die systemische Beratung stellte uns vor eine erhebliche Herausforderung. Dieses Buch sollte den hohen Anspruch erfüllen, einerseits die Komplexität des Ansatzes mit seiner Vielschichtigkeit, seinen Mehrdeutigkeiten in angemessener Differenziertheit darzustellen, andererseits aber auch einen möglichst klaren Einblick in die Praxis der systemischen Organisationsberatung, in konkrete Methoden und Interventionsmöglichkeiten zu geben. Gleichzeitig wollten wir auch idealtypische Wege als Orientierung aufzeigen und damit zusätzlich einen Geschmack der „Wirklichkeit" vermitteln, um nachvollziehbar zu machen, wie schwierig und wie voll von Stolpersteinen systemische Beratung sein kann bzw. fast immer ist.

Um den Lesern, seien es Berater, Projektleiter, Veränderungsmanager, Studenten oder allgemein Interessierte, einen Eindruck vom Alltag systemischer Organisationsberatung zu geben, stellen wir zu Beginn dieser Einführung einen realen Beratungsfall vor und steigen damit ins chaotisch-aufregende Geschehen ein. In dieser Erzählung kommt alles, was den Ansatz[1] ausmacht, in Elementen verdichtet vor – eine abenteuerliche Reiseschilderung mit allen Höhen und Tiefen. Beim Lesen kann man sich ein Bild von der Region, der Landschaft, den Leuten, den Sitten machen, aber die Schilderung ist und ersetzt natürlich nicht das Reiseerlebnis selbst.

Nach einer komprimierten Darstellung des systemischen Organisationsberatungsansatzes und der Klärung einiger wichtiger Begriffe schlagen wir, von unserem Praxisbeispiel ausgehend, die Brücke zu den wesentlichen drei Ebenen der Intervention und ihren fünf Dimensionen.

Die drei Interventionsebenen – Architektur, Design und Werkzeuge – können, um bei diesem Bild zu bleiben, mit einer Landkarte verglichen werden: Die „Basisorientierungen" mit den „empfohlenen Routen" und die Werkzeuge und „Faustregeln" mit den Checklisten für nützliches Reisegepäck. Wir haben dabei eine Auswahl an Interventionen getroffen, die sich aus dem Fall ableitet und die Felder beleuchtet, die bisher weniger belichtet wurden.[2]

Wir danken allen Kunden und Kollegen, die mit uns in Projekten zusammengearbeitet und dabei Neues entwickelt haben, allen Teilnehmern unserer Qualifizierungsprogramme, mit denen wir unsere Lernschritte diskutiert und erprobt haben.

Stephan Rey, unser Beraterkollege, hat die Illustrationen angefertigt, die unseren Text begleiten – danke!

Einen besonderen Dank schulden wir Johann Ortner, der uns inhaltlich ergänzt und uns kompetent geholfen hat, das Manuskript zu erstellen.

Roswita Königswieser, Martin Hillebrand
Wien/Bremen

1. „Chance" – Ein systemischer Beratungsfall

In unserem Beraterleben haben wir viele unterschiedliche Kunden und Projekte kennen – und schätzen gelernt. Bei der Auswahl eines geeigneten Beratungsbeispiels orientierten wir uns am Kriterium der leichten Nachvollziehbarkeit durch den Leser. Beratungsprojekte, bei denen es um Extremsituationen, Sanierung und Entwicklung, Kulturveränderung, Visions- und Strategiearbeit gleichzeitig geht, erschienen uns zu vielschichtig, zu komplex und als „Lehrfall" auch zu unübersichtlich. Andererseits bieten einfacher darzustellende Interventionen, „einfache" Beratungsfälle, etwa eine Teamentwicklung, zu wenig Anschauungsmaterial, und sie sind in länger dauernden, komplexeren Beratungsprojekten ohnedies enthalten.

Als Beispiel systemischer Beratung stellen wir daher – vereinfacht und gerafft – einen mehrjährigen Veränderungsprozess in einem internationalen Konzern vor. Hier die Eckdaten des Konzerns in Stichworten: Kerngeschäft Anlagenbau, weltweit 20 000 Mitarbeiter, 40 Prozent davon deutschsprachig. Das Unternehmen verfügte über ausgezeichnetes technisches Know-how, hatte gute Marktzugänge, die Auftragseingänge stimmten, aber die Erträge ließen zu wünschen übrig. Eine jahrelange politisch gestützte Monopolstellung verschleierte die inkonsequente Führung und die wenig geschäftsprozessorientierte Struktur. Es gab keine Vision. Die Stimmung bei den Mitarbeitern war resignativ, der Börsenwert alarmierend schlecht.

Neben Schwierigkeiten bei den *hard facts* gab es tief sitzende Probleme hinsichtlich der Einstellung und der Haltung im Unternehmen. Es herrschte extreme Konkurrenz zwischen den Unternehmensbereichen. Man hatte nicht das Gefühl, *one company* zu sein. Hierarchisches Denken stand im Vordergrund, die Eigenständigkeit war unterentwickelt, bei Entscheidungen war man „politisch" und sehr schwerfällig. Von uns Beratern erwartete die Unternehmensöffentlichkeit vorerst – wie man es von großen Beraterfirmen bisher gewohnt war –, dass wir entweder ein teures Verbesserungskonzept abgeben oder verkünden würden, den „zentralen Problemknoten" rasch aufzulösen.

Eine Minderheit einflussreicher Akteure hatte uns ins Spiel gebracht und unsere Rahmenbedingungen akzeptiert. Bereits im Erstgespräch schlugen wir drei Interventionen vor: eine Systemdiagnose, eine Kerngruppe als Motor des Veränderungsprozesses und ein regelmäßiges Vorstandscoaching.

Vom systemischen Ansatz war den Anlagenbauern gegenüber anfangs nicht die Rede. Unsere Empfehlung, in die Kerngruppe „Mächtige“, „Betroffene“ und „Prozess-Know-how-Träger“ zu entsenden, löste Erstaunen aus. So war z. B. der Vorstandsvorsitzende Mitglied in dieser zehnköpfigen Gruppe, der Betriebsratsvorsitzende, Führungskräfte, aber auch „einfache Mitarbeiter“ aus den verschiedenen Unternehmen. Die Hauptströmungen des Konzerns sollten sich in dieser Gruppe als Mikrokosmos der Organisation widerspiegeln. Deshalb mussten auch „Ausländer“ hinein – kritische Geister und junge Querdenker – und nicht nur die, deren Meinung bislang am meisten zählte, z. B. Vorstand, Unternehmensbereichsleiter, Projektleiter.

Wir werden diesen Fall primär aus der Perspektive dieser Kerngruppe darstellen, da sie für die Gestaltung des Gesamtprozesses verantwortlich war. Die Konzentration auf die „gemeinsame Aufgabe“, vor allem aber die anfangs und später auch zwischendurch stattfindenden Teamentwicklungsübungen trugen zur Stabilität und Kohäsion der Kerngruppe bei.

Man einigte sich in der ersten Sitzung auf den Projektnamen „Chance“, der für mehrere Sprachen passte. Die Diskussionen in den einmal im Monat stattfindenden eineinhalbtägigen Workshops mit der Kerngruppe waren konfliktreich und emotional. Als Begleiter der Kerngruppe erstellten wir gemeinsam mit unserem Kollegen Uwe Cichy Designs für den jeweiligen Ablauf der Sitzungen und „moderierten“ bzw. intervenierten. Es gab im Raum nur einen Sesselkreis und keine Tische, was gleich ersten Widerspruch hervorrief: „Was soll diese esoterische Sitzordnung?“ Wir begannen damit, die anstehenden Themen in Untergruppen zu bearbeiten, und zwar nicht nur kognitiv, in Form von Konzepten, sondern auch „analog“(s. Anm. 11); wir ließen z. B. Bilder zu folgenden Fragen zeichnen: Wie ist der Zustand des Unternehmens jetzt? Wie sieht das Wunschbild aus? Die Ergebnisse versinnbildlichten die Lage überaus deutlich: Die aktuelle Situation wurde als loser Flottenverband in „Funkkontakt“ dargestellt – freudlos, orientierungslos, grau. Die „Vision" zeigte alle gemeinsam in einem modernen Hochseeschiff – bunt, attraktiv, energetisch. Die dazu vorgeschaltete individuelle Übung, positive Zukunftsbilder hervorzuholen, unterstützte den Prozess.

Allein schon die Zusammensetzung der Gruppe brachte die Vielzahl möglicher Perspektiven („Mehrbrillenprinzip") und die relevanten Umwelten gleichsam ganz von selbst in den Raum und erweiterte den Wahrnehmungshorizont der Gruppenmitglieder.

Natürlich waren Einzelne immer wieder von den langsam offener werdenden Meinungen geschockt, berührt, aufgerüttelt: Ein Techniker – zuerst sehr zögerlich – erzählte z. B., auf welche Weise Fehler in Projekten vertuscht würden, was frühzeitiges Gegensteuern verunmögliche. Die einhellige Reaktion darauf lautete: „Wenn an der Basis wirklich so gehandelt wird, müssen wir was tun."

Es wurden zunächst drei inhaltliche Projektschwerpunkte – Softthemen – priorisiert und als Subprojekte angegangen: die Erarbeitung einer Vision, damit diese als Leitstern den Mitarbeitern Orientierung geben konnte, Maßnahmen gegen Bürokratie, um die Organisation effizienter zu gestalten, und interne Kommunikation. Der Kickoff jedes dieser Subprojekte integrierte inhaltliche und soziale Fragestellungen.

Über verschiedene Zugänge kristallisierte sich auch im Zuge der Arbeit immer deutlicher das Thema „Führung" als Kernproblem heraus. Wir arbeiteten an Führungskulturanalysen und inszenierten hierzu z. B. kurze Sketches – „Führung heute" und „Führung morgen". Die Szenen waren einerseits ein Lacherfolg, lösten aber andererseits auch große Betroffenheit aus: „Wir sind gute Ingenieure, managen technisch professionell unsere Großprojekte, aber wir haben zu wenig Sensibilität für Menschen, für Leadership, für Beziehungen, für Motivation. Wir vermeiden Konflikte, scheuen uns, Fehler anzusprechen, um aus ihnen zu lernen. Wenn sich das ändern ließe, wären unsere Ergebnisse um Längen besser. Unser Planungsprozess ist zu linear, wir reden zu wenig über Fehlentwicklungen, über Projektabweichungen. Da liegt viel Geld verschüttet – da müssen wir den Hebel ansetzen."

Mithilfe dieser spielerischen Methoden wurden wichtige Themen ans Tageslicht geholt. Nach massiven Konflikten in der Gruppe, bei denen es um den Mehrwert dieses Veränderungsprojektes ging und bei denen es imaginierte Gewinner und Verlierer gab, war die Gruppe schließlich für wechselseitiges Feedback sowie für unsere Rückmeldungen offen und bereit, unsere Interventionen anzunehmen. Einen besonderen Stellenwert in diesen konfliktreichen Situationen nahm dabei immer unser „Reflecting Team" ein. Das „intime" Gespräch zwischen zwei Externen über die Anwesenden, das Ansprechen latenter Themen in respektvoller Weise zeigte nach anfänglichem Befremden Wirkung.

Konfliktanalysen im Vorstandsteam, in der Kerngruppe und in den Subprojekten unterstützten die Entwicklung einer differenzierteren Sichtweise: Es gab nicht mehr nur Schwarz und Weiß, sondern auch Grautöne. Man erkannte: An Konflikten haben alle Beteiligten einen Anteil. Man sah nicht mehr nur Individuen und einzelne Probleme, sondern auch Zusammenhänge, Beziehungen, strukturelle Ursachen. Die Dialoge und Diskussionen waren anfangs stark durch gruppendynamisch und strukturell bedingte Macht- und Positionskämpfe gekennzeichnet. Abwertungen waren an der Tagesordnung. Man hörte einander nicht zu, hielt viel zu lange und Ungeduld provozierende Monologe. Oft konnten wir nur paradox intervenieren und mithilfe erlebnisorientierter Methoden Nachdenklichkeit erzielen.

Allerdings ging auch das nicht immer glatt. Als wir einmal das Ergebnis des Visionsprozesses aus der Perspektive der relevanten Umwelten als kleines Rollenspiel inszenierten, verließ der Vorstandsvorsitzende mit den Worten empört den Raum: „Diesen Kindergarten mache ich nicht mit." Alle waren starr vor Schreck. Doch allmählich zeigte die Reflexionsarbeit in der Kerngruppe zusätzliche Wirkung: Die Kommunikationsprozesse wandelten sich grundlegend, und es wurde viel Energie für die Arbeit an Veränderungen frei. Es gab mehrere Initiativen: Z. B. wurde die Gruppe der „Jungen Wilden" gegründet. Diese sollten quer denken und ohne Maulkorb reden dürfen. Ihre Aufgabe war es, ein Konzept zu folgender Frage zu entwerfen: Was würdet ihr anstelle des Vorstands tun, um das Unternehmen zum Erfolg zu führen?

Die Vorschläge dieser Gruppe wurden heftigst diskutiert, z. B. gemeinsame Marktbearbeitung, bessere Geschäftsprozesse, konsequente Personalpolitik. Einige davon wurden als vielversprechend aufgegriffen und befruchteten die Steuerungsimpulse der Kerngruppe. Obwohl wir, gemeinsam mit den zwei Projektleitern, immer wieder anregten, auch die Ertragsseite – die ökonomischen Kennzahlen – als Ziel des

„Chance“-Projektes zu definieren, wurde das abgelehnt. Der Vorstandsvorsitzende sagte unerwarteterweise: „Wenn wir unser Denken und Verhalten ändern, stellt sich der Erfolg automatisch ein.“ Nur langsam setzte sich die Überzeugung durch, dass „hart“ und „weich“ zusammengehören, auch in Projekten. Die Einführung einer Balanced Score Card war das erste Signal dafür.

Als Standard wurden dann ganzheitliche Projektreviews mithilfe von Lernlandschaften und Fieberkurven unter dem Motto „Lernen statt Schuld zuschreiben“ eingeführt. Bei neuen Projekten wurde – wie wir dies üblicherweise machen – eine Projektumfeld- bzw. Machtanalyse vorangestellt, bei der alle relevanten Umwelten und das Beziehungs- und Machtgefüge grafisch dargestellt werden. Dabei wird die Aufmerksamkeit auf Hypothesenbildung, Chancen und Stolpersteine gelenkt. Das wiederum verhilft zu einem sorgfältigeren, bewussteren Vorgehen in Projekten: Wer muss mit einbezogen werden? Wie müssen wir vorgehen?

Mithilfe dieser einfachen Instrumente wurde klar, wie wichtig Hypothesen sind, und man begriff, dass es eben verschiedene relevante Perspektiven gibt. Ein Projektleiter sagte: „Mein Denken hat sich verändert. Unser technisches Projektmanagement mit Kästchen und Regeln alleine genügt nicht. Ich habe immer in Zäunen gedacht, Troubleshooting gemacht, bevor ich ein Problem wirklich verstanden habe.“

Nach einem Jahr wurde ein maßgeschneidertes Leadership-Programm implementiert, bei dem „Learning on the job“ im Vordergrund stand: Das Prinzip *cross border, cross function, cross culture* war anspruchsvoll. Wir erarbeiteten die Architektur und das Design des einjährigen Programms zusammen mit externen und internen Kollegen. Es sah vor, dass sich immer vier Lerngruppen (je 10–15 Personen) gleichzeitig an einem Ort trafen und außer an den vier dreitägigen Modulen an Projekten zur nachhaltigen Veränderung des Konzerns arbeiteten. Dieses Programm wäre beim ersten Modul fast gescheitert. „Es sind zu viele Selbstorganisationselemente dabei, es ist zu interaktiv, es gibt zu wenig Wissensvermittlung durch die externen Experten“, hieß es. Der interne Projektleiter des Leadership-Programms, der gleichzeitig Vorstandsmitglied war, stand wie ein Fels in der Brandung des Widerstandes. Ohne ihn hätten die Zweifel, die von überall geäußert wurden, zum Abbruch geführt. Er verkörperte die Strömung: „Lasst uns wirklich was verändern. Denken wir an die Interessen des Konzerns und nicht an eigene Vorteile."

Die einmal im Jahr stattfindende Managerkonferenz – mit mehr als 500 internationalen Führungskräften – wurde durch eine von uns gecoachte Vorbereitungsgruppe komplett umgestaltet: interaktiv, workshoporientiert, dialogisch, erlebnisorientiert. Die „Nervthemen" des Unternehmens wurden auf der Großveranstaltung aufgrund der neuen Sicht und Einsicht besprochen. Es wurden Kunden und Shareholder ins Programm integriert, die „relevanten Umwelten", z. B. der Aufsichtsrat, wurden dabei spürbar. Der Ablauf der Großveranstaltung ergab ein Gesamtbild der ökonomischen und emotionalen Situation des Konzerns. Jede einzelne Führungskraft sah sich, das wurde in den Workshops deutlich, als Teil des Systems und erkannte, wie ihr Beitrag zu seiner Verbesserung aussehen könnte.

Der konzernweite Planungsprozess wurde ebenfalls umstrukturiert, allerdings erst nach etwa eineinhalb Jahren Beratung und Begleitung. Die sechs Unternehmensbereichsleiter fühlten sich nun nicht mehr nur für den eigenen Bereich, sondern auch für den der Kollegen verantwortlich. Auch hier waren Feedbackprozesse zur Norm geworden. „Einmischung" in die Bereiche anderer wurde nicht mehr als Konkurrenzansage gedeutet, sondern als kollegiale Unterstützung, als Bereitschaft, gemeinsam Verantwortung zu tragen. Natürlich gab es Konflikte und „Befindlichkeiten", aber die Auseinandersetzungen brachten eine neue Qualität: differenziertere Planungen und somit genauer zutreffende Vorhersagen, was wiederum die Glaubwürdigkeit im Haus und bei den Banken erhöhte.

Die Jammerei, man habe zu wenig Zeit, um sich in der Kerngruppe so häufig zusammenzusetzen, verstummte. „Ich habe gelernt, dass Beschleunigung durch Entschleunigung passiert. Ohne diese Auszeiten wären wir nicht so schnell zum Kern unserer Probleme vorgestoßen."

Wir führten die Kerngruppe immer wieder an Grenzen, an die Grenzen ihres hierarchischen Verantwortungsbereichs, ihrer bisherigen Vorstellungen und Erfahrungen. Gleichsam von selbst entwickelte sich dabei die vormals lineare Art zu denken hin zu „vernetztem" Denken, d. h. zur Einsicht in die Notwendigkeit, Gesamtzusammenhänge und Prozesse in die Überlegungen mit einzuschließen. Die Fähigkeit, mit Unsicherheit und Komplexität umzugehen, stieg. Die Gruppen als

„Hyperexperten für Komplexitätsmanagement" (Königswieser u. Heintl 1997) gaben Halt, die mentalen „Entwicklungssprünge" wurden über Reflexionsarbeit und über Feedbackprozesse erzielt. Unermüdlich stellten wir auf der Metaebene angesiedelte Fragen: „Wie erklären Sie sich diese Art der Entscheidungsprozesse? Sind dabei Muster erkennbar? Wenn ja, welche? Woran liegt es, dass keine Konsequenzen gezogen werden? Wo liegen die kollektiven Blockaden? Was ist das Gute im Schlechten? Worin besteht ihr persönlicher Beitrag?"

Die Bereitschaft, Feedback zu geben und zu empfangen, wuchs weiter – sowohl auf individueller als auch auf organisationaler Ebene. Die Idee, in die Kerngruppe Gäste einzuladen, um im persönlichen Dialog wichtige Themen zu besprechen, wurde zu einem fast selbstverständlichen Standard: Da kamen Werksleiter, die über Fehlerquellen sprachen, Kunden, die ihre Wünsche, aber auch Kritik äußern konnten, Lieferanten, mit denen die Geschäftsbeziehungen besprochen wurden.

Dieses Begegnungsprinzip pflanzte sich fort – in den Großveranstaltungen der Regionen, in den Begegnungen zwischen Einheiten, in der Einrichtung von Kundenparlamenten. Wir bauten den Rahmen, aber die Gruppe organisierte sich und die Prozesse selbst. Natürlich war nach etwa einem Jahr allen klar, was mit „Kontextsteuerung" oder „Selbstorganisation" gemeint war – und erst jetzt wurden die entsprechenden Theorien und Modelle von uns als mündlicher oder schriftlicher Input angeboten. Die in regelmäßigen Abständen durchgeführten Evaluationen verstärkten die Bereitschaft, diese Entwicklungsprozesse fortzusetzen. Wir holten bei den verschiedenen Zielgruppen ihre Meinungen bezüglich des Veränderungsprozesses ein, reflektierten das Gesamtbild und entschieden dann über weitere Aktivitäten. Erst später nannten wir das die „systemische Prozessschleife."

Das Prinzip „Lernen und Selbststeuerung durch Reflexion" wurde in der Praxis gelebt. In einigen Unternehmensbereichen wurden regelmäßig eintägige Teamentwicklungsmeetings nach folgendem Modell abgehalten: Jeder legt zu Beginn seine „Nervthemen" dar. Als nächsten Schritt unterstützen wir die gemeinsame Hypothesenbildung. Hierbei geht es nicht um additives Zuordnen von Fakten, sondern um ein von allen geteiltes Gesamtbild, um das Herstellen von Beziehungen zwischen Menschen, Bereichen, Inhalten und Umwelten. Es entwickelten sich neue, prozesshafte Muster des Wahrnehmens, des Verarbeitens von Informationen, des Denkens. Wechselseitiges Feedback und das Aushandeln von Erwartungen wurden selbstverständlicher.

Mitarbeitergespräche wurden in diesem Zusammenhang zu einer fixen Einrichtung. Auch dafür arbeiteten wir in der Kerngruppe Empfehlungen aus. Das Wahrnehmen der eigenen Anteile fiel nicht mehr so schwer. Man erkannte: Es geht nicht um Tools, um Techniken, sondern um Einstellungen und Haltungen.

Da wir mit unserer Schilderung nahezu sofort in das Geschehen in der Kerngruppe eingetaucht sind, weil uns das, was sich hier mit eigentlich ganz unspektakulären Mitteln erreichen lässt, immer wieder fasziniert, möchten wir nun nochmals an den Anfang zurückgehen.

Wir denken, dass ein wichtiger Grundstein für das „andere Denken" die so genannte Systemdiagnose zu Beginn des Projekts ist, und möchten daher diesen Prozessschritt noch exemplarisch ausführen.

Um ein Gesamtbild des Unternehmens zu erhalten, mussten wir, die externen Berater, nicht nur die „harten Fakten" erfassen, sondern auch die Kultur des Unternehmens, d. h. die Art und Weise, wie im Unternehmen gedacht, entschieden und gehandelt wird, wie das Unternehmen „atmet". Wir führten 30 zweistündige Gruppeninterviews – mit jeweils etwa acht Personen – quer durch den Konzern. Die Kernteammitglieder regten an, dass auch sie Interviews führen sollten, um selbst direkte Eindrücke aus den wichtigsten Standorten weltweit zu gewinnen. Wir gingen auf dieses ungewöhnliche Anliegen ein.

Die in einem Crashkurs dafür ausgebildeten Kerngruppenmitglieder begleiteten uns dann bei den Gesprächen, und gemeinsam werteten wir die Gespräche nach der „sequenzanalytischen Methode" (vgl. Froschauer u. Lueger 2003) aus. Zuerst analysierten wir die manifesten Inhalte, dann spürten wir das zwischen den Zeilen Gesagte auf, deuteten die latenten Inhalte, interpretierten die subtilen Signale. Wo stockt jemand? Was wird tabuisiert? Wie interagieren die Gruppenmitglieder während des Interviews? Wie werden wir behandelt? Welche Schlüsse lässt das auf die latenten Muster und Kulturelemente des Systems zu?

Im Lauf der Interpretationsarbeit entwickelten alle – nach anfänglicher Abwertung der Methode („Das ist Kaffeesatzdeuterei") – eine Art neues Sensorium für die feinen Töne und Zwischentöne, für das Verborgene, für die Symboliken in der Kommunikation, und die diesbezügliche Sensibilität wuchs. Die Bilder wurden differenzierter, vielschichtiger, aber manchmal auch beklemmender. Die gemeinsame Auseinandersetzung damit erzeugte und vertiefte Bewusstheit, entlastete, bewegte, generierte Lernprozesse und schuf somit eine neue Wirklichkeit.

Langsam lösten sich die Kerngruppenmitglieder von linearen Zuschreibungen („Der Vorstand ist schuld"). Sie erkannten, dass „zu einem Unterdrückungsverhältnis immer zwei gehören", aber auch dass „jeder selbst Verantwortung hat und Vorbild ist". Sie lernten, Unterschiede nicht abzuwerten, sondern als Reichtum zu nehmen. Sie sahen ein, dass einseitige Lösungen nichts bringen und ebensolche Rezepte immer danebengreifen. „Mehr desselben ist verlorene Liebesmühe. Wir müssen lernen, mit einer völlig neuen Einstellung – uns schwebt so etwas wie ‚gelassenes Höchstengagement' vor – an unsere Aufgaben und Probleme heranzugehen."

Die Erwartungshaltung der Interviewten löste so großen Handlungsdruck bei der Kerngruppe aus, dass der Besuch und die Befragung, der Dialog jährlich einmal als institutionalisierter Feedbackprozess in die Organisationsentwicklung einging. Diese Besuche wurden dann auch vom Topmanagement aufgegriffen. Man nannte sie „Mission Road Shows". Es ging dabei darum, über jene Themen zu sprechen, die am meisten „bewegten". Diese dialogische Maßnahme erhöhte konzernweit das Vertrauen in das Topmanagement.

Resümee

Als zentrale Auswirkung konnte festgestellt werden, dass die Erträge wieder zufrieden stellend waren. Der Börsenwert stieg, und die Zukunft wurde mit Zuversicht gesehen. Der „emotionale Turnaround" war geschafft: „Es macht wieder Freude und bringt Befriedigung, für dieses Unternehmen zu arbeiten." Beendet ist dieser Lernprozess auch jetzt noch nicht, aber inzwischen wird er als permanenter Entwicklungsprozess von den Unternehmensmitgliedern selbst fortgeführt, wobei wir lediglich als Supervisoren unterstützen.

Jeder so geartete Beratungsprozess ist ein aufregendes Abenteuer, da er stets auch das Risiko des Scheiterns in sich birgt. Und es bedarf unsererseits immer wieder eines Kraftakts, eine andere Rolle einzunehmen als die von uns erwartete: Nicht wir bringen die Lösungen, sondern die Mitarbeiter selbst sind die Experten. Wir liefern als Prozessexperten nicht die ersehnten Rezepte, sondern wir begleiten sie auf ihrer Suche danach, indem wir mithilfe bestimmter Interventionen neue Bewusstseinsprozesse ermöglichen. Neben zufrieden stellenden und erfreulichen Aspekten fördert diese Arbeit immer auch die Schattenseiten von Systemen und Personen zutage. Das bringt Ängste, leidvolle Gefühle, Konflikte und Ambivalenzen mit sich, und all das muss be- und verarbeitet werden.

Die folgende Schilderung des Vorstandsvorsitzenden drückt bildlich aus, welch abenteuerlichen Weg solche Entwicklungsprozesse für Beratungskunden bedeuten: „Ursprünglich bin ich an dieses Projekt sehr rational herangegangen. Die üblichen Verbesserungsprogramme mit konventionellen Beratern sind alle im Sand verlaufen. Bei diesem Ansatz hab ich gedacht: Also gut, wenn es unbedingt sein muss, machen wir es halt. Ich wusste nicht, wohin wir genau gehen würden. Die Gegend, in der wir uns jetzt befinden, war total fremd. Wir wurden von Königswieser & Network sanft daher geleitet. Ich kam mir vor wie Columbus. Er wollte in die Alte Welt, das bekannte Westindien. Er landete im unbekannten Amerika und entdeckte die Neue Welt. Diese Reise in das neue Land war und ist eine echte Abenteuerreise. Wenn ich mit meiner damaligen Sichtweise gewusst hätte, worauf wir uns einlassen, hätte ich nicht den Mut gehabt, mich dafür zu entscheiden. Mit meinem jetzigen Bewusstsein sage ich klar: Wir hätten das schon früher starten sollen. Wir wissen jetzt viel mehr über uns selbst, über unsere eigentlichen tieferen Probleme. Bis zu dem Zeitpunkt, an dem wir diese Art des Veränderungsprozesses machten, sind wir wie ein Schiff immer wieder in Untiefen auf Felsen aufgefahren, die wir unter Wasser nicht gesehen haben. Wie bei einem Eisberg hatten wir nur den Teil über Wasser wahrgenommen. Jetzt haben wir eine Art Radarsystem entwickelt und können mit voller Fahrt fahren. Ich bin gespannt, wie es weitergeht."

Wenn wir die Geschichte rückblickend von der professionellen Metaebene aus betrachten, haben wir eine Reihe unterschiedlicher Interventionen gesetzt. Die Erzählung zeigt auch, wie verwoben die Interventionen auf den Ebenen Architektur, Design und Werkzeuge sind und wie schwierig und langwierig es sein kann, komplexe Systeme in Bewegung zu bringen.

In den nachfolgenden Kapiteln werden wir auf die in der Geschichte angesprochenen Interventionen Bezug nehmen.

2. Was ist systemische Beratung?

Wir haben als Einleitung in die systemische Beratung ein ganz konkretes Beispiel aus unserer Beratungspraxis gewählt, um, davon ausgehend, zu zeigen, worin denn nun eigentlich das Besondere dieses Ansatzes liegt.

Wir versuchen, in dieser Einführung in die systemische Beratung unsere Überlegungen praxisnah, anschaulich und verständlich darzustellen. Dennoch bzw. gerade deshalb ist es notwendig, die Begriffe möglichst präzise zu wählen und zu definieren, um ein *Verstehen* komplizierter Zusammenhänge zu erleichtern und Simplifizierungen zu vermeiden. Auch Einstein war der Überzeugung, man sollte „alles so einfach wie möglich machen, aber nicht einfacher, als es ist". Wir wollen uns bemühen, dieser Einsicht Rechnung zu tragen.

Niedergeschriebene Gedanken wie dieser Text bestehen aus Sätzen, Wörtern und immer wiederkehrenden Schlüsselbegriffen. Begriffe repräsentieren grundlegende Gedankengänge, sie sind Theorie in komprimierter Form. Daher stellen wir die Schlüsselbegriffe „systemisch" und „Beratung" voran. Sie stehen in engem Zusammenhang mit den Begriffen „Organisation" und „Entwicklung" (bzw. „Lernen"). Unser Verständnis dieser vier Begriffe und wie sie zusammenhängen und was damit begriffen werden kann, baut auf einer langen Tradition von Versuchen auf, Phänomene zu beschreiben und zu verstehen, die „Organismen" eigen sind und sie von trivialen Maschinen unterscheiden.

Daran anschließend, wollen wir die Wurzeln des Systemansatzes und das darauf gründende Verständnis von Organisation darstellen.

2.1 *Die systemische Sichtweise – Begriffsklärung*

Unter *Beratung* verstehen wir ganz allgemein, dass einer Person, Gruppe, Organisation bzw. einem Unternehmen von jemandem geraten wird, dies oder jenes zu tun bzw. nicht zu tun. Um einen „Rat" fragt man für gewöhnlich, wenn man in einer Situation nicht genau weiß, wie man vorgehen soll. Solche Situationen der Ungewissheit und Unsicherheit sind meist Anlass für Beratungsanfragen.

Ein Ratgeber kann mit seinem Rat als Fachspezialist eine problematische[3] Situation direkt lösen helfen, wenn er die Lösung des Problems kennt, oder er kann dem Rat Suchenden dabei helfen, selbst die für ihn richtige Lösung zu finden. Man spricht dann von „Hilfe zur Selbsthilfe", im Sinne des Sprichwortes: „Gebe ich dir einen Fisch, wirst du einen Tag lang satt sein. Lehre ich dich fischen, dann wirst du dein Leben lang satt sein."

Ziel systemischer Beratung ist es, langfristige, nachhaltige Lern- und Erneuerungsprozesse zu initiieren und zu begleiten, um Systeme (Organisationen) überlebensfähiger, erfolgreicher und effizienter zu machen. Das ist der Punkt, um den sich alles dreht.

Unter *systemischer Beratung* verstehen wir eine besondere Vorgehensweise bei Hilfestellungen. Das heißt, die Berater stützen sich dabei auf die so genannte systemische Haltung und die „systemische" Sicht auf die Situation bzw. gehen von einem „systemischen" Verständnis von Personen, Gruppen, Organisationen und Prozessen[4] aus.

Was aber heißt, eine Person, eine Gruppe oder ein Unternehmen als lebendes „System" zu betrachten und dementsprechend zu „behandeln"? Was ist ein System, und welche Konsequenzen hat es, ein Unternehmen als System zu betrachten? Was heißt „systemische Sicht"? Um diese Fragen beantworten zu können, müssen wir uns kurz die Eckpfeiler der Theorie von Systemen ansehen.

Wichtig für ein Verständnis der *Systemtheorie* ist zunächst, die Systemtheorie selbst, wie auch alle anderen Theorien und Weltbilder, als Erklärungsversuch, d. h. als *These*, zu sehen. Eine These ist eine Annahme in Bezug darauf, was wir für wirklich halten, bzw. darauf, dass etwas Bestimmtes unter bestimmten Umständen und Bedingungen passieren oder nicht passieren wird, wenn etwas Bestimmtes getan oder nicht getan wird. Es geht also um Erklärungsversuche bezüglich dessen, wie Handlungen und ihre Wirkungen zusammenhängen. So haben wir z. B. verstehen gelernt, welche gravierenden Auswirkungen ein kleiner Eingriff in das Ökosystem haben kann, wenn etwa ein Glied in der Nahrungskette ausgerottet wird: „Alles hängt mit allem zusammen!" Mittels „Einsicht" in Wirkungszusammenhänge verstehen wir auch, was ein „Ökosystem" ist, wie es funktioniert. Bei der Organisationsdynamik verhält es sich nicht anders. Wir sprechen daher vom „Mobileeffekt“, weil fast jeder Eingriff in das System Auswirkungen auf das ganze System hat.

Unsere Erklärungsversuche, Theorien, Thesen sind allerdings selbst Teil des Systemgeschehens, weil wir Menschen ein Teil des Systems „Gesellschaft“, „Welt“ oder „Natur“ sind. Es gibt für uns Menschen keine unabhängige Beobachterposition. Wohin immer wir schauen, wir sind „befangen“ und sehen immer uns selbst, unsere eigenen mentalen Konstrukte und Projektionen.

Abb. 1: Das Weltbild als subjektives Konstrukt

Die Systemtheorie ist also ein „Weltbild“, ein eigensinniger, eigenwilliger Erklärungsversuch, der sich selbst immer in die Erklärung mit einbezieht. Wir nennen diesen Rückbezug auch *Reflexivität.*

Diese Charakterisierung kann eine narzisstische Kränkung für uns sein, weil wir gewohnt sind, unser Wissen über die Welt als wahre, objektive Erkenntnis anzusehen, die unabhängig von uns existiert.

2.2 Herkunft des systemischen Weltbildes – Was erklärt die Systemtheorie?

Der Begriff (be-greifen) „System" stammt aus dem Griechischen, bedeutet so viel wie „zusammen + stehen" und meint ein Ganzes, das im Zusammenwirken von Teilen existiert: „Das Ganze ist mehr als die Summe seiner Teile" (Aristoteles). Es handelt sich um ein sehr altes Konzept zur Beschreibung bestimmter Phänomene. Eine allgemeine, alles umfassende „Systemtheorie" wurde allerdings erst Anfang des vergangenen Jahrhunderts entwickelt. Ihren Ausgang nahm die Systemtheorie bezeichnenderweise in der Biologie und in der Physik, weil man in diesen Wissensbereichen mit althergebrachten mechanistischen Erklärungsmodellen nicht mehr weiterzukommen schien.[5]

Für uns war es interessant, zu entdecken, dass sich vor allem Naturwissenschaftler in Wien, Graz und Prag um 1900 mit der Frage beschäftigten, wie man das Entstehen von Ordnung und Unordnung in Systemen erklären kann (Thermodynamik – Entropiegesetz). Das Problem dabei bestand darin, dass die traditionelle Denkfigur der klassischen Physik: *Zusammengesetzt aus starren, fixen Elementen = Ding* plus *Ursache/Anstoß/Aktion* führt *zu einer Wirkung/Bewegung/Reaktion,* ungeeignet war, Ordnungs- bzw. Unordnungszustände zu beschreiben und die Übergänge, das Werden und Vergehen, zu erklären. Dazu brauchte man eine neue wissenschaftliche Sprache mit anderen Denkfiguren bzw. Paradigmen. Man brauchte eine neue Theorie.

Wichtig für die Entwicklung der Systemtheorie war, dass die Wissenschaftler, die an diesem „Projekt" arbeiteten, nicht nur interdisziplinär dachten, sondern durchweg Universalgelehrte (Naturwissenschaftler, Mathematiker und Philosophen) waren und in unterschiedlichsten Wissensbereichen forschten. Man diskutierte natürlich nicht über die „Systemtheorie", sondern über philosophische, erkenntnistheoretische, sprachwissenschaftliche, naturwissenschaftliche, ökonomische, politische und künstlerische Fragen (vgl. Janik u. Toulmin 1998).

Im so genannten Wiener Kreis (Carnap, Gödel, Hahn, Neurath, Schlick u. a.) (vgl. Geier 1995) versuchte man zunächst, aufbauend auf den Erkenntnissen von E. Mach (1838–1916) und L. Boltzmann (1844–1906) und angeregt durch die Fortschritte in der Physik (M.

Planck, A. Einstein, N. Bohr), eine allgemeine, streng mathematisch-logische Theorie wissenschaftlicher Erkenntnis unter dem Titel *Das wissenschaftliche Weltbild*[6], also eine Theorie der Theorie zu entwickeln (Wissenschaftstheorie: G. Frege, B. Russell, W. Wittgenstein).

Die zur Erklärung von Systemveränderungen und der *System-Umwelt-Differenz*[7] verwendeten Denkfiguren (z. B. leben, wachsen, sterben) passten da allerdings nicht hinein. Einige dieser systemischen Vorstellungen bzw. Schlüsselbegriffe gehen auf Aristoteles, Goethe und Darwin zurück. Sie wurden aber erst Schritt für Schritt von E. Mach (1838–1916/Wien, Graz, Prag, Wien), C. von Ehrenfels (1859–1932/Wien, Graz, Prag), M. Wertheimer (1880–1943/Prag, Frankfurt, Wien, Berlin, USA), L. von Bertalanffy (1901–1972/Wien, Prag, USA), H. von Foerster (1911–2002/Wien, Breslau, USA) und E. von Glasersfeld (*1917/Wien, Zürich, USA)[8] als mögliche Instrumente wissenschaftlicher Erkenntnis ernst genommen und als Schlüsselbegriffe beschrieben. Diese sind vor allem:

- Ordnung (Muster, Regel, Struktur) – Unordnung (Chaos, Entropie)
- Übergang (Entwicklung, Veränderung, Geschichte, Genese) von Chaos in Ordnung in Chaos
- Dauerhaftigkeit (Beständigkeit, Starrheit, Unveränderlichkeit) – Veränderlichkeit (Wandel, Dynamik, Evolution)
- Abgrenzung (Geschlossenheit, Innen, Selbstbezüglichkeit) – Kommunikation (Offenheit, Austausch, Außen, Umwelt)
- Information (Formierung, Aufbau von Ordnung, Zufuhr von Instruktion) – Deformation (Destruktion, Auflösung, Untergang)
- Komplexität (Vielschichtigkeit, viele Beziehungen, Mehrdeutigkeit) – Einfachheit (Einheit, Identität, Eindeutigkeit)
- Differenz (Gefälle, Unterschied, Spannung zwischen System und Umwelt) – Gleichgewicht (Ausgleich)

Abb. 2: Systemische Schlüsselbegriffe

Aus diesen Grundbausteinen eine solide Theorie zu basteln, die ohne metaphorische Sprache und ohne bildhafte Vergleiche auskommt, ist gar nicht so leicht. Das kann man auch daran erkennen, dass an der Ausformulierung einer einheitlichen Theorie bis heute gearbeitet wird und dass viele Wissenschaftler ihr noch immer sehr skeptisch gegenüberstehen, weil es darin nichts zu geben scheint, das man „dingfest" machen könnte.

Erst der Biologe und Philosoph Ludwig von Bertalanffy fügte die Denkfiguren zu einer „Allgemeinen Systemtheorie" (1928, 1936, 1976) zusammen. Die Weiterentwicklung der Systemansätze wurde zwischen 1935 und 1960 in den USA vor allem von den Emigranten aus Österreich und in engem Gedankenaustausch mit ihren Kollegen und Schülern betrieben. Zum biologischen Anwendungsbereich der Systemtheorie kamen in immer stärkerem Ausmaß die Bereiche Sozialwissenschaften, Psychologie und Informationstheorie (Informatik) hinzu. Erst um 1950 beschäftigten sich Wissenschaftler in Europa wieder stärker mit systemischen Erklärungsmodellen.

Abbildung 3 soll diese Entwicklung und die Vernetzung der Theorieansätze verdeutlichen.

Faszinierend an der Entwicklung der Theorie von (offenen)[9] Systemen ist, dass sich der ursprüngliche Anspruch, mit einer exakten, logisch-mathematischen Theorie die Wirklichkeit angemessen beschreiben zu können (Neopositivismus), beinahe in sein Gegenteil umkehrte: Unsere Erkenntnisse über die Welt sind Konstruktionen, die nicht „unwirklich" sind im Sinne von Illusionen und Fiktionen, sondern aktiv eine Wirklichkeit erzeugen, die für uns „Sinn" ergibt. Das Verstehen und Entwickeln von Theorien ist also eine Systemaktivität der menschlichen Gesellschaft. Sie schafft sich ihr Bild von sich und der Welt. Einen objektiven, unabhängigen Beobachter gibt es nicht. Das ist die Position des *radikalen Konstruktivismus* (vgl. von Foerster/Pörksen 2001).

Daran schließt sich ein weiteres interessantes Phänomen an. Denkt man das Systemmodell konsequent durch, wie es z. B. Luhmann, von Foerster, von Glasersfeld, Maturana und Varela gemacht haben, dann ergibt sich eine eigenartige Paradoxie.[10] Einerseits verlangt das systemische Theoriegebäude, dass alle Systeme wiederum aus Systemen und diese aus Subsystemen mit je eigenen Unterschieden, Abhängigkeiten, Aktivitäten, funktionalen Beziehungen bestehen, dass also der gesamte Kosmos ein System von Systemen sei. Damit muss die Systemtheorie den Anspruch erheben, eine „Universaltheorie" zu sein, ähnlich religiösen Weltbildern. Andererseits muss sich die Systemtheorie selbst als Aktivität, als Funktion eines bestimmten Systems begreifen, was aber be-

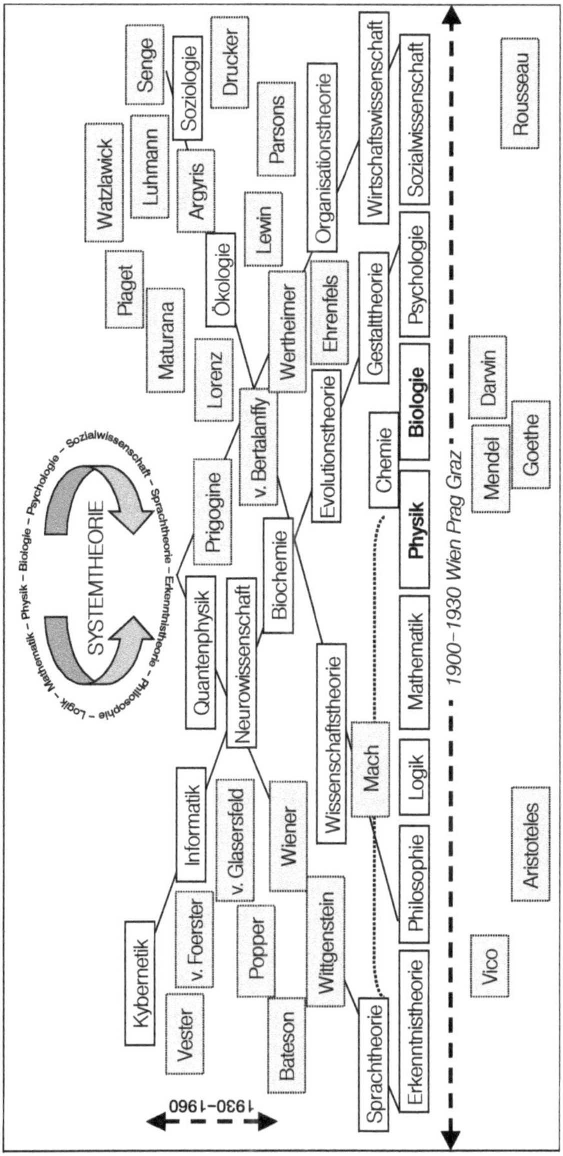

Abb. 3: Entwicklung der Systemtheorie

deutet, dass sie nur innerhalb dieses Systems ihren Sinnanspruch geltend machen kann. Wie andere Systeme sich und ihre Umwelt „sehen", ist eine völlig andere Sache. Dem entspricht die Position des *Relativismus*.

In der Zeit, in der wir mit befreundeten Kollegen begonnen haben, systemische Konzepte auf die Beratung von Organisationen zu übertragen, machte uns gerade diese Paradoxie besonders zu schaffen: Wie kann man den universellen, absoluten Erklärungsanspruch der Systemtheorie mit der Haltung der bescheidenen „Relativierung" verbinden? (vgl. Königswieser u. Lutz 1992).

Systemtheoretische Beschreibungs- und Erklärungsmodelle werden überall da eingesetzt, wo es um komplexe Wechselwirkungen und dynamische Entwicklungen geht. Je nach Gegenstandsbereich der wissenschaftlichen Untersuchung werden dabei von Forschern unterschiedliche Aspekte des Systemkonzepts hervorgehoben.

Wir wollen einige für uns besonders relevante Aspekte anführen und damit zum Ausdruck bringen, dass die Systemtheorie kein so einheitliches und geschlossenes Weltbild ist wie etwa das mechanistische. Wie es in der Ökonomie oder der Psychologie unterschiedliche Strömungen und Denkschulen gibt, so auch innerhalb des systemischen Ansatzes abhängig auch davon, worauf man den Systemansatz anwendet und welche Elemente des Systemkonzepts dabei besonders hervorgehoben werden.

Das *biologische Systemverständnis* z. B. streicht besonders das „Selbstorganisationsprinzip lebender Systeme" hervor (Homoöstase = Selbstorganisation; Autopoiesis = Selbstherstellung/Selbsterzeugung), wird aber von Autoren wie Maturana und Varela (1984), G. Bateson (2000) und F. Vester auch auf Erkenntnisprozesse angewendet. Auch Chemiker wie z. B. Prigogine (Prigogine u. Stengers 1984) und Physiker wie Capra (2000) versuchen, mit systemtheoretischem Blick auf die Welt das Ausbilden von Ordnung in ihrem Forschungsbereich neu zu interpretieren.

Von *Sozialwissenschaftlern* ist der Aspekt „Kommunikation" innerhalb von und zwischen Systemen mittels spezieller „Codes" von besonderem Interesse. So haben z. B. N. Luhmann (1984) oder B. Giesen (1991) „ausdifferenzierte Funktionssysteme" innerhalb der Gesellschaft unter dem Gesichtspunkt der „Leitdifferenz" System-Umwelt und „Kommunikation" (Codierung) beschrieben: Alles ist Kommunikation.

Für Wissenschaftler, die sich mit der Frage der *Steuerbarkeit komplexer Systeme* (Kybernetik = Steuerungslehre) beschäftigen wie z. B.

H. von Foerster (1984) liegt die Lösung des Problems in der „reflexiven Selbstreferenz". Sobald nämlich jemand ein System beobachtet, es zu verstehen und durch Interventionen steuernd in es einzugreifen versucht, ist er selbst ein Teil des Systemprozesses. Es kommt also zu fortlaufenden Schleifen von Wechselwirkungen zwischen Steuerndem und Gesteuertem, die man nur über eine Beobachtung der Beobachtung entwirren kann (Kybernetik der Kybernetik = Kybernetik zweiter Ordnung = Steuerung der Steuerung = Kontextsteuerung).

Ein ähnliches Schleifenkonzept wird auch von *Kommunikations- und Erkenntnistheoretikern* wie z. B. G. Bateson (1995) und P. Watzlawick (Watzlawick et al. 2000) und *Lernpsychologen* wie J. Piaget (1992) verwendet. Die Ausgangsfrage lautet folgendermaßen: Wenn jemand etwas tut und mit seinem Tun etwas erreichen will (weil es für ihn wichtig, sinnvoll erscheint), dann kann er entweder Erfolg haben und sein Ziel erreichen, oder er kann scheitern. Erzielt ein Handelnder das Angestrebte nicht, dann wird er üblicherweise seine Vorgehensweise, seine Strategie ändern. Durch Feedback lernt er, angemessener zu handeln. Er kann aber auch über sich selbst nachdenken, über seine Ziele, Wünsche, Werte und Normen und zum Schluss kommen, dass im Verhältnis „Handlungsausgangssituation – Strategie/Technik – Handlungsziel" etwas nicht stimmt. Diese Reflexionsarbeit wäre dann ein Lernen dessen, wie das ursprüngliche Lernen verbessert werden kann. *Double loop learning* heißt das Lernen des Lernens, es ermöglicht Aufbrechen von Denkmustern und wirkt selbststeuernd.

In der Frage nach geeigneten Interventionsmöglichkeiten für komplexe Systeme spielt auch die systemische *Familientherapie* eine wichtige Rolle. Schwierige Familiensituationen lassen sich meist nicht mit einer Therapie von Individuen auflösen, sondern erfordern ein Verständnis der Lebensbedingungen und -geschichten sowie des Zusammenwirkens aller Beteiligten. Störungen werden als Symptome angesehen. Die Mailänder Schule um M. Selvini Palazzoli (Selvini Palazzoli et al. 1984) entwickelte wirkungsvolle systemische Interventionsmethoden (paradoxe Intervention, Reframing, zirkuläre Fragen), mit deren Hilfe eingefahrene Problemmuster, auch „rigide Schleifen" genannt, aufgelöst werden können.

In der *Organisations- und Managementtheorie* fließen schließlich alle erwähnten Ansätze zusammen, denn da geht es um Individuen,

Gruppengeschehen, Lernen, Steuerung und auch um allgemein gesellschaftliche und wirtschaftliche wie technische Fragen (Infrastruktur, Informatik). Systemische Modelle wurden u. a. von P. Senge (1996), C. Argyris (Argyris u. Schön 1999), B. L. Hedberg (1981) und H. Willke (2000) mit je unterschiedlichen Schwerpunkten ausgearbeitet. Auch in unseren systemischen Beratungsansatz fließen verschiedene Konzepte ein (s. Abb. 5; vgl. auch Königswieser u. Lutz 1992).

All diese Ausprägungen des Systemansatzes in unterschiedlichen Disziplinen haben Gemeinsamkeiten. Das systemische Paradigma bzw. Denkmodell verlässt das mechanistische Maschinenmodell, den Objektivitätsglauben, nutzt das Mehrbrillenprinzip und betont die Selbststeuerung. Es ist eine Antwort auf die Komplexität und Dynamik von Lebenswelten und der damit verbundenen Unsicherheit und Unsteuerbarkeit. Für eine vertiefte Darstellung der Systemtheorie s. Simon (2006).

Folgende Gegenüberstellung soll die wesentlichen Unterschiede zwischen den zwei Paradigmen noch einmal verdeutlichen.

mechanistisches Weltbild	**systemisches Weltbild**
Objektivität, eine Wahrheit, unveränderliche Gesetze	Wirklichkeitskonstruktion, viele „Wahrheiten“, Thesen
richtig – falsch, schuldig – unschuldig	Kontextabhängigkeit, Nützlichkeit, Anschlussfähigkeit
(Fremd-)Steuerung	Selbststeuerung, Selbstorganisation
lineare Kausalketten	vielfältige Wechselwirkungen, Feedbackschleifen
messbarer, fixer Unterschied	sich unterscheiden, verändern
linearer Fortschritt, ändern	Entwicklung, ändern und bewahren, deblockieren
formale Logik, Widerspruchsfreiheit, Ausschluss	Integration von Widersprüchen, Einbeziehung
harte Fakten, rationale Beziehungen	Integration von harten und weichen Faktoren (Emotionen, Intuitionen, Kommunikationsprozesse)
Rollen: Macher, Führende und Geführte, Manipulation	Rollen: Impulsgeber, Gärtner, Befähiger, Entwicklungshelfer, Coach
Methoden: Instruktion, Anordnung, Befehl, Lernen durch Versuch und Irrtum	Methoden: Zuhören, Fragen, Dialog, Diskussion, Reflexion, Lernen des Lernens

Abb. 4: Mechanistisches und systemisches Weltbild

2.3 Das systemische Organisationsverständnis

2.3.1 Was ist eine Organisation?

Will man in Organisationen intervenieren, setzt dies eine angemessene „Theorie der Organisation“ voraus. Die Frage zu beantworten, was eine Organisation ist, erweist sich als schwieriger, als man bei oberflächlicher Betrachtung meinen könnte (vgl. Weick 1985, insbes. S. 41–94). Beim alltäglichen Gebrauch des Wortes „Organisation“ scheinen wir genau zu wissen, was eine Organisation ist, und denken dabei an ganz konkrete Gebilde wie Konzerne, Familienunternehmen, die Polizei, die Caritas, Greenpeace, die UNO oder die Mafia. Mit dieser Bezeichnung wird eine Art von Gemeinsamkeit, Vergleichbarkeit unterstellt, aber noch nicht begriffen und verstanden, was eine Organisation ausmacht, wie sie funktioniert.

Kann man eine Organisation überhaupt sehen und beobachten? Ist man in der Organisation, wenn man durch die Firmentür geht oder einen Anstellungsvertrag unterschreibt? Was aber, wenn alle Mitarbeiter am Wochenende nach Hause gegangen sind? Wo ist dann die Organisation? Haben die Mitarbeiter die „Organisation“ in ihren Köpfen mit nach Hause genommen, oder ist sie in den Gebäuden, Dokumenten und Strukturen vor Ort geblieben? Weiter muss man sich auch die Frage stellen, was ein Ölkonzern mit einer politischen Partei, einem Fußballverein oder mit dem Roten Kreuz gemeinsam hat.

Die Frage nach der Gemeinsamkeit, nach dem was eine Organisation typischerweise ausmacht und wie sie funktioniert bzw. idealerweise funktionieren sollte, ist immer dann besonders interessant und wichtig, wenn die Antworten als Handlungsanleitung und Verhaltensorientierung verwendet werden, wenn es also um Interessen der Beteiligten geht.

Ein Firmeneigentümer, der seine Firma als Instrument zur Vermehrung seines investierten Vermögens sieht, wird seine Angestellten auch eher in diesem Sinne sehen und behandeln. Er könnte theoretisch zu diesem Zweck auch eine vollautomatische Fabrik ohne Menschen bauen lassen. Dann hätte er keine eigene (menschliche) Organisation, aber ganz ohne Organisation wird er auch mit dieser Geldvermehrungsmaschine nicht auskommen, denn jemand muss die Fabrik bauen, die Maschinen warten und die damit hergestellten Produkte verkaufen und vor allem kaufen. Das heißt aber, dass dasjenige, was mit „Organisation" bezeichnet wird, nicht auf „die Firma" im engen Sinn beschränkt werden kann.

Eine Organisation ist daher ein mehrdimensionales „soziales System", das zwar ein eigenes Innenleben hat, aber eigentlich nur existiert und existieren kann, indem es ein Subsystem von größeren Systemen ist bzw. mit anderen Systemen kommuniziert und Beziehungen aufbaut.

Gemeinsam ist allen unterschiedlichsten Organisationen, dass sie den Augenblick, das aktuelle Tun und Interagieren, die Veränderung überdauern. In dieser Hinsicht kann man sie mit Organismen vergleichen, die eine bestimmte Lebenszeit existieren, wachsen, sich entwickeln und sterben. Organisationen existieren also in der *Spannung* zwischen Dauerhaftigkeit und Vergänglichkeit. Das wäre die *vitalistische Sicht* auf die Organisation.

Fragt man z. B. einen Angestellten einer Firma, einen Feuerwehrmann oder eine Beraterin, was sie in der Organisation machen, warum sie mit anderen Leuten zusammenarbeiten, dann wird höchstwahrscheinlich eine „Weil"-Begründung als Antwort folgen. Die Gründe können vielfältig sein, sie folgen aber immer derselben Logik: Ich will mit der Aktion etwas Bestimmtes erreichen, z. B. Geld verdienen und gebraucht werden (Handlungs-/Zweckrationalität). Erscheinen die Handlungsziele erreichbar, so ergibt das Tun „Sinn": Die Organisation ist unter dieser Perspektive eine sinnvolle Zweckgemeinschaft. Dies wäre die *voluntaristisch-interaktionistische Sicht* auf die Organisation.

Unter dem Blickwinkel der Interessen, Bedürfnisse, Wünsche der Organisationsmitglieder gesehen, ist eine Organisation eine zweckrationale Vereinigung. Um die Erreichung des Ziels (z. B. gemeinsamer Wohlstand) durch Kooperation abzusichern, um die Fortsetzung der Interaktionen zu gewährleisten, um das Auseinanderbrechen der Vereinigung zu verhindern und Interessenkonflikte und Machtkämpfe zu unterdrücken, werden Vereinbarungen getroffen, Mitgliedschaft definiert, Regeln aufgestellt, Verträge unterschrieben, Rollen und Funktionen verteilt, Arbeitsabläufe festgelegt, Infrastrukturen und Sanktionsmechanismen installiert. Die Organisation bekommt Ordnung durch „vernünftige" Strukturen. Das wäre die *rationalistisch-strukturalistische Sicht* auf die Organisation.

Man kann einen Fußballverein so sehen, nicht aber das Militär und auch nicht eine Dorfgemeinschaft. In Ämtern, Behörden und Institutionen, also in bürokratischen Organisationen, bestimmen nicht die Organisationsmitglieder die Regeln und Strukturen. Sie sind austauschbar und müssen sich fügen, weil das strukturierte Ganze das Handeln bestimmt und die interne Ordnung von außen, z. B. vom „Staatsapparat", erzwungen wird (Strukturdeterminismus).

In einer Dorfgemeinschaft hingegen passiert oft etwas ohne gezielte Planung, ohne bewusste Absichten, einmal in traditioneller Weise, dann chaotisch, zufällig, und es geschehen auch Glücksfälle und Katastrophen. Die Dorfgemeinschaft organisiert und entwickelt sich je nach Umständen mehr oder weniger spontan, wie eine Pflanze auf gutem Boden gut gedeiht, auf steinigem weniger gut. Man spricht von „emergenter Selbstorganisation" bzw. von der *naturalistischen Sicht* auf die Organisation.

Die traditionelle, betriebswirtschaftliche Organisationslehre sieht in Organisationen zielorientierte, absichtsvoll und rational gestaltete Gebilde, innerhalb deren Menschen zweckrational agieren. Systemische Organisationstheorie erschüttert dieses Bild, indem sie die Komplexität und Dynamik, die Ambivalenz und Widersprüchlichkeit, das Prozesshafte und Konfliktträchtige als Wesensmerkmale von Organisationen hervorhebt (vgl. Weick 1985).

2.3.2 Was heißt „systemische Sicht" auf Organisationen?

Worin genau unterscheidet sich nun die systemische Sicht auf Organisationen von traditionellen Sichtweisen?

Komplexität und Dynamik spielen als Charakteristika von lebenden Systemen wie in anderen Anwendungsbereichen des systemischen Ansatzes eine grundlegende Rolle. Unter Komplexität verstehen wir den nichtlinearen, nichtmechanistischen, nichteindimensionalen Zusammenhang zwischen Innengeschehen und Umweltgeschehen.

Akteure des Geschehens sind Menschen mit unterschiedlichen Bedürfnissen, Wünschen, Ängsten, Charaktereigenschaften, Vorlieben, Abneigungen, Fähigkeiten, Beschränktheiten, Erinnerungen und Visionen. Menschen sind keine trivialen Maschinen – sie sind unfassbar komplex. Sie sind nicht nur Mitglieder einer bestimmten Organisation, z. B. Angestellte einer Firma, sondern leben im privaten und öffentlichen Raum gleichzeitig auch in unterschiedlichsten Gemeinschaften, in denen sie eine Rolle spielen und die sie prägen. All dies spielt in jede

Kommunikationssituation mit hinein. Zu dieser Komplexität zwischenmenschlicher Beziehungen kommen noch die vielfältigen Anforderungen der Objektwelt: das Verwenden von Werkzeugen, die Bedienung von Maschinen, der Umgang mit Zeit, mit Ressourcen und die Beherrschung von Produktions- und Informationsprozessen.

Um mit dieser Komplexität umgehen zu können, bilden Menschen wiederholbare *Muster* des Handelns, Verhaltens und Denkens aus: Gewohnheiten, Rituale, stereotype Verhaltensweisen, Erwartungshaltungen, Vorurteile, Sinnkonstrukte und Weltbilder. Sie reduzieren die Komplexität des Geschehens zur Entlastung auf ein erträgliches, handhabbares Maß. Sie lassen Ereignisse erwartbar, vorhersehbar erscheinen, und sie werden im Idealfall kontinuierlich an die Erfordernisse der Situation angepasst und modelliert.

Das heißt: Das Innenleben von Organisationen wird über *Reduktion von Komplexität* gesteuert, bzw. die Organisation steuert sich selbst über geteilte Sinnbilder, Wertehierarchien und Visionen, über Sitten, Rituale und Gebräuche, über Rollenzuteilungen und Hierarchien und vor allem über Objektivierung von Vereinbarungen.

Objektivierung von Konsens und Differenz erfolgt sowohl über den Aufbau artifizieller Strukturen (Infrastruktur, Rechtscodices, Mauern und Abzäunungen etc.) als auch über Verinnerlichungen (Gewohnheiten, Wahrnehmungs- und Erwartungsmuster, Benehmen, Vorurteile etc). Mit ihrer Hilfe werden permanent Unterscheidungen getroffen zwischen: wichtig – unwichtig, relevant – irrelevant, nützlich – nutzlos, erlaubt – verboten, wünschenswert – unerwünscht, zutreffend – nicht zutreffend etc. Derartige Unterscheidungen zu machen bedeutet, Selektionen vorzunehmen, und dies wird aus systemtheoretischer Sicht als *Information* bezeichnet. G. Bateson sagt: Information ist ein Unterschied, der einen Unterschied macht.

Umgangssprachlich sagen wir zwar: „Wir tauschen Informationen und Wissen aus", und meinen damit einen Informationsfluss zwischen Individuen oder Organisationen. Aus systemischer Sicht ist das allerdings wenig hilfreich. Warum?

Sehen wir uns zunächst die Argumentation näher an, die lautet: Information geschieht nur innerhalb von Systemen und niemals zwischen System und Umwelt. Das klingt absurd. Wie ist das zu verstehen?

Nehmen wir zwei Personen, die miteinander sprechen. Jedes Individuum ist ein System für sich (ein Organismus) und prozessiert in sich „Informationen“. Die Gesprächspartner etablieren in der Gesprächssituation ein neues, ein soziales System (Gruppe, Community, Gesellschaft), innerhalb dessen auch Informationen prozessiert werden. Jedes Individuum ist also ein Subsystem innerhalb eines Systems. Was im „Kopf und Gemüt“ der beiden Gesprächspartner vor sich geht, ist etwas völlig anderes als das, was sich zwischen beiden Gesprächspartnern abspielt. Der Sprecher gibt Laute von sich oder sendet visuelle Signale, welche die Systemgrenze des Zuhörers durchdringen können, nämlich seine Sinne (Augen und Ohren). Der Zuhörer muss das Gehörte (und Gesehene) als Code (als „Symbole“ bzw. als Zeichen für etwas, was sie selbst nicht sind) wieder erkennen, die Signale decodieren und innerhalb seines kognitiven psychischen Systems eine „Information“ vornehmen. Das kann er aber nur, wenn er die Struktur des sozialen Systems, die Codierungsweise und die Funktion des Codes verinnerlicht hat. Das heißt, er muss die Sprache und die Sprachspiele gelernt haben. Wir sprechen von „struktureller Kopplung“. Nur wenn er das Ordnungsgefüge des sozialen Systems auch in sich trägt, ist er anschlussfähig, kann er kommunizieren und verstehen.

Kurz gesagt: Über Systemgrenzen hinweg kann streng genommen keine Information stattfinden, denn in diesem Beispiel ist dasjenige, was im Kopf passiert, ein Informationsprozess innerhalb des psychisch-mentalen Systems, und was zwischen den Gesprächspartnern geschieht, ist ein sozialer Prozess. Der eine Prozess ist mit dem anderen nicht direkt und unmittelbar vergleichbar. Jeder Input und Output über Systemgrenzen hinweg muss erst einen *Transformationsprozess* durchlaufen, bevor er innerhalb des eigenen oder eines fremden Systems „Informationen“ auslösen kann. Deshalb passt auch die Behauptung, man könne von außen in das Dunkel des Innengeschehens eines Systems nicht wirklich hineinschauen und verstehen, was darin vor sich geht. Es ist eine Black Box.

Der Aufbau von internen *Ordnungsstrukturen* hat daher nicht nur seinen Sinn und Zweck in der Aufrechterhaltung des Innenlebens von Organisationen, sondern letztlich in der Selbstbehauptung der Organisation gegenüber ihrer Umwelt bzw. in der Entwicklung von *An-*

schlussfähigkeit, Informationsfähigkeit im Hinblick auf Beziehungen zu anderen Systemen (vgl. Baecker 1999).

Probleme bei der Weiterentwicklung von Organisationen in ihrer Interaktion mit anderen Systemen werden vor allem in der Verhärtung der internen (verdinglichten und verinnerlichten) Ordnungsstruktur gesehen, die bei dynamischen Umwelten das überlebenswichtige Reagieren, Anpassen und Lernen behindert oder verhindert. Das Konzept der „lernenden Organisation" (vgl. Senge 1996) rückt systemisches Denken in den Mittelpunkt der Aufmerksamkeit, weil dieses als „fünfte Disziplin" die Grundlage des „Managements organisationaler Lernprozesse" darstellt: Die „Lernende Organisation" lernt und ist fähig, sich selbst weiterzuentwickeln, zu lernen.

Durch die fortlaufende Bearbeitung der Spannung zwischen Dauer (interner Reduktion von Komplexität) und Wandel (Veränderung, Lernen, Wachstum) und der Spannung zwischen Innenwelt und Umwelt entsteht *Geschichte* als Kontinuum von Vergangenheitserfahrung, Gegenwartswahrnehmung und Zukunftserwartung (vgl. Ortner 2003a). Jedes soziale System entwickelt seine eigene Geschichte, die im obigen Sinne nur aus der Innensicht als sinnvoller Kontext von Selbst- und Weltinterpretation bzw. Selbst- und Weltbild erscheint.

2.3.3 Was bedeutet die systemische Organisationssicht für die Beratung?

Unser Verständnis von Beratung als *systemischer Organisationsentwicklung*, das wir in diesem Buch beschreiben, hat sich über Jahre evolutionär entwickelt. Wir stützen uns dabei in besonderer Weise auf die Modelle jener Wissenschaftler, mit denen wir unsere Arbeit diskutiert und mit denen sich im Laufe der Jahre enge Beziehungen und teilweise auch Freundschaften entwickelt haben. Dies gilt vor allem für N. Luhmann, F. Capra und den systemischen Familientherapeuten S. Hirsch aus dem Kreis der Mailänder Schule. Zusätzlich spielen für uns auch psychoanalytische und gruppendynamische Konzepte eine wichtige Rolle, nicht nur, weil sie ein Teil unserer eigenen Qualifizierungsgeschichte sind, sondern weil sie andere, zusätzliche Perspektiven eröffnen. So spielen z. B. das „kollektive Unbewusste" in großen Gruppen, Abwehrmechanismen oder tiefe „archaische" Emotionen und Konflikte eine wichtige Rolle in Veränderungsprozessen.

Abbildung 5 soll die Einflüsse aus unterschiedlichen Wissensgebieten auf unseren Ansatz veranschaulichen.

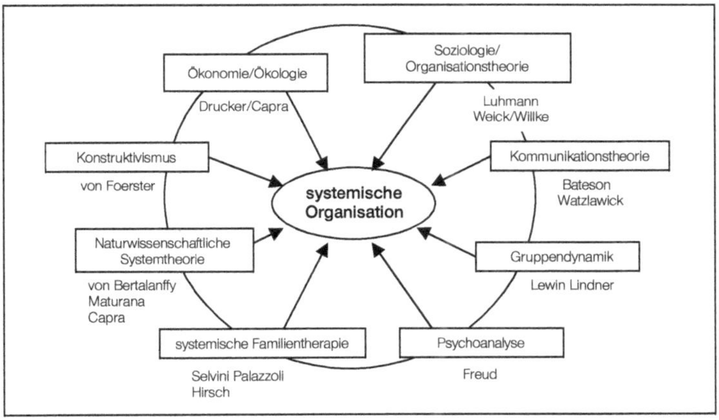

Abb. 5: Einflüsse auf unser Verständnis von systemischer Organisationsberatung

Zusammenfassend wollen wir jene Grundannahmen nochmals hervorheben, die für sytemisch-beraterische Interventionsabsichten von besonderer Bedeutung sind.

- Organisationen funktionieren nicht wie triviale Maschinen. Sie führen ein mehr oder weniger autonomes Eigenleben und sind daher nicht direkt beeinflussbar und auch nicht gänzlich durchschaubar.
- Sie reproduzieren sich mittels Kommunikation ständig selbst, sind in permanenter Veränderung begriffen und schaffen immer neue Ordnungsgefüge in Form von erinnerter Geschichte, strukturell festgehaltenen Erfolgen und abgestimmten Wahrnehmungsmustern und Erwartungshaltungen.
- Dieses „Selbstverständnis" verdichtet sich in Sinnkonstrukten und Weltbildern, die aus der Innensicht als Leitbilder in die Umwelt projiziert werden. Interne Ordnungsstrukturen, Sinnkonstrukte und Weltbilder verleihen innerhalb der Organisation Sicherheit und Stabilität, behindern aber gleichzeitig das Reagieren

auf Veränderungen in einer dynamischen, sich rapide verändernden Umwelt.

- Organisationen können nicht nur aus Not und auf Druck von außen lernen, sondern auch proaktiv, indem sie sich selbst und ihre jeweiligen Umwelten aktiv und kreativ umgestalten.

Auf diesem Hintergrund wollen wir uns nun der systemischen Beratung im engeren Sinn zuwenden.

2.4 Die Entwicklung des Berater-Klienten-Systems

In einem Beratungsverhältnis stehen sich zwei soziale Systeme in Interaktion gegenüber bzw. kommunizieren miteinander: Die um Beratung anfragende Organisation als das *Klientensystem* (KS) und die Beraterorganisation als das *Beratersystem* (BS). Durch die für die Zeitdauer der Beratungsprojekts entstehende Interaktion zwischen KS und BS etabliert sich ein drittes System, das *Berater-Klienten-System* (BKS).

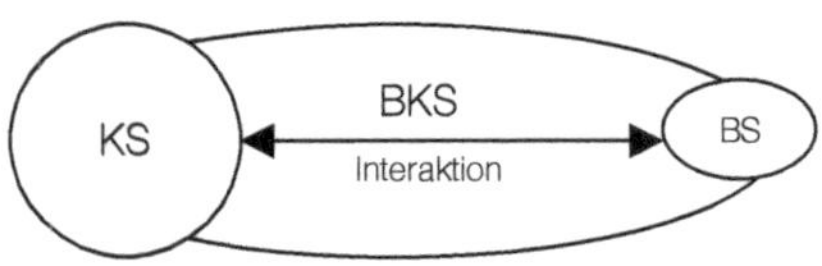

Abb. 6: Das Berater-Klienten-System

Sowohl das Klientensystem als auch das Beratersystem grenzen sich als Organisationen von ihrer Umwelt ab und kommunizieren aber gleichzeitig mit ihr (dynamische System-Umwelt-Differenz). Für das KS ist das BS eine (potenzielle) Umwelt und auch umgekehrt. Erst durch den Abschluss eines *Beratungsvertrages* erklären beide Systeme das jeweils andere System als relevante Umwelt. Erst damit können die Berater in ihren Rollen und entsprechend den damit verbundenen Erwartungen wirksam werden.

Unter *Intervention* verstehen wir eine zielgerichtete Kommunikation zwischen zwei Systemen mit beabsichtigten Auswirkungen innerhalb des KS, wobei von der (relativen) Autonomie des KS ausgegangen wird.

Für das BS sind die Mitglieder des KS die eigentlichen Experten für ihre Aufgaben, und sie können daher auch nicht einfach „belehrt" werden. Das BS bringt in erster Linie Prozess-Know-how und kontextbezogenes Fach-Know-how ein, vor allem aber die wichtige Außensicht.

Systemische Beratung in unserem Sinne lässt sich zusammenfassend von folgenden Prinzipien leiten:

- *Begrenztheit:* Interventionen können nur Impulse sein, aus denen das KS das macht, was es machen kann. Die Möglichkeit des Einflusses auf das Systemgeschehen von außen ist sehr beschränkt.
- *Balance zwischen Verändern und Bewahren:* Das BS kann (dem KS) nur die Spannung zwischen Verändern und Bewahren oder Widersprüche sichtbar machen und für eine Bearbeitung öffnen. Das KS trifft allein die Entscheidung, wie es damit umgeht.
- *Mobileeffekt*: Wo Energie vorhanden ist, sollte angefangen werden. Wie bei einem Mobile haben Interventionen an jeder Stelle Auswirkungen auf andere Bereiche.
- *Integration*: Harte und weiche Faktoren sind nicht voneinander zu trennen. Das „SIM-Modell" (vgl. Königswieser et al. 2001) veranschaulicht, wie Vision, Strategie, Struktur und Kultur in Wechselwirkung stehen.
- *Maßschneiderei*, *Prozessorientierung*: Anschlussfähige Interventionen müssen kontextabhängig geplant und im Prozess immer wieder angepasst werden.
- *Reflexion:* Um seiner Rolle und Aufgabe gerecht zu werden, muss das BS ständig Reflexionsschleifen durchlaufen (s. Abb. 9).
- *Anschlussfähigkeit:* Berater sind Beobachter zweiter Ordnung – im Gegensatz zu den Mitarbeitern des Unternehmens, die Beobachter erster Ordnung sind – und müssen sich daher bemühen, die hinter den agierenden Personen wirksamen Strukturen und Logiken des Systems zu erkennen und anschlussfähig zu intervenieren.
- *Partnerschaft:* Das BS muss selbst ein stabiles System sein und seine Nähe-Distanz-Regelung bezüglich des KS bewusst gestalten und sich wieder überflüssig machen.
- *Mehrbrillenprinzip*: d. h. Arbeit mit Perspektivenwechsel und mit Sichtweisen verschiedener, widersprüchlicher Strömungen.

- *Umsetzungsorientierung*: Implementierung ist von Beginn an integrales Prozesselement.

In der *Entwicklung des BKS* spiegelt sich sowohl die Lebenserfahrung des KS als auch die des BS im Umgang mit ihren Umwelten. So wird z. B. das BS vom KS üblicherweise so gesehen und behandelt, wie dieses gelernt hat, mit seinen relevanten Umweltsystemen, Beziehungen umzugehen: entweder mit Misstrauen, Unverbindlichkeit, Abwertung oder mit Vertrauen, Verbindlichkeit, Respekt und Wertschätzung. Wirtschaftsunternehmen folgen eher der Kosten-Nutzen-Logik, während Non-Profit-Organisationen eher wertorientierte, moralische oder politische Kriterien an das BKS anlegen. Ebenso spielt es eine Rolle, wie stark der Leidensdruck des KS ist bzw. wie bekannt das BS ist.

Ein Phänomen, das sich in der beraterischen Arbeit nutzen lässt, ist das „Resonanzphänomen" (vgl. Elkaim 1990). So wie physikalische Körper auf bestimmte Frequenzen reagieren, kommt es auch bei lebendigen Systemen zur Übertragung von Schwingungen aufeinander. Muster und Konflikte, die z. B. im KS vorhanden sind, tauchen auch im BS auf. Sie sind daher für uns eine wichtige Informationsquelle über das KS, wenn sie reflexiv genutzt werden.

Weitere Ausführungen zur Frage „Was ist systemische Beratung?" finden Sie bei v. Schlippe und Schweitzer (2007).

3. Basisorientierungen unseres Ansatzes

Wir wollen nun auf einige Grundsätze ausführlicher eingehen, an denen sich systemische Beratung orientiert.

3.1 Haltung

Die differenziertesten Theorien, die ausgeklügeltsten Techniken haben keine Wirkung, wenn die *Haltung* der Berater „nicht stimmt". Wir vertreten die Meinung, dass es beim systemischen Ansatz der Organisationsentwicklung in erster Linie darum geht, eine entsprechende Haltung zu entwickeln. Sie ist das Herzstück der systemischen Arbeit und daher auch der rote Faden in unseren Weiterbildungsprogrammen.

Den Begriff „Haltung" kennen wir im Zusammenhang mit Körperhaltungen und mit mental-geistigen Haltungen bzw. Einstellungen. Das Wort „Haltung" hat etwas mit *Halt haben* und *geben* zu tun, aber auch mit „Halt!" im Sinne von „Stopp!", also Grenzziehung, Positionierung, Authentizität. Haltung steht in enger Verbindung mit Identität, Charakter, Einstellung, Wahrnehmungsweisen und Wirklichkeitskonstruktionen.

Haltung steuert unsere Denk- und Verhaltensweisen, liegt ihnen zugrunde, ist aber auch wieder ihr Ergebnis. Sie wird durch unsere Geschichte, unsere Prägungen, Erfahrungen, Bewertungen gebildet, und sie beeinflusst wiederum unsere Sicht von Welt.

Haltung ist die Art und Weise, wie wir uns zu uns selbst und zu unserer Umwelt in Beziehungen bringen, wie wir uns mit unserer Außen- und Innenwelt auseinander setzen, wie wir Beziehungen gestalten, in welchen Schienen wir denken und wahrnehmen. Sie umschreibt, was wir für „wahrnehmen" oder für falsch halten.

Haltung hat Konsequenzen für das eigene Selbstverständnis, für die Sicht von Professionalität, für bevorzugte Konzepte und Methoden.

Wie kann man also nun die idealtypische systemische Haltung beschreiben? Woran erkennt man sie? Folgende Aussagen sollen die Charakteristika systemischer Haltung illustrieren:

- „Es gibt keine Objektivität, also muss ich mir den Kontext genau ansehen. Jedes Verhalten einer Person erscheint sinnvoll, wenn ich den Kontext kenne. Es geht darum, für mehrere Perspektiven Raum zu schaffen (Mehrbrillenprinzip). Ich muss Hypothesen bilden, um mich orientieren zu können, denn alle Beobachtungen von mir sind immer nur ein Ausschnitt und immer subjektiv."
- „Widersprüche gehören zum Leben. Unterschiede sind Reichtum und Vielfalt. Es geht um eine Balance, um das Hervorheben der weggeschobenen, oft dunklen Seite. Konflikte tun zwar weh, aber sie sind Entwicklungschancen. Widerstand ist Energie, die genutzt werden sollte."
- „Es ist, wie es ist. Wir wollen zuerst verstehen, welche Funktion, welcher Sinn hinter den typischen Mustern im System liegen. Es geht dabei auch um Entdramatisierung, um das Gute im Schlechten (bei Defizitorientierung) oder um das Schlechte im Guten (bei Idealisierungen)."

Eine Geschichte macht diese Sichtweise deutlich:

Ein alter Mann und sein Sohn bestellten gemeinsam ihren kleinen Hof. Sie hatten nur ein Pferd, das den Pflug zog. Eines Tages lief das Pferd fort. „Wie schrecklich", sagten die Nachbarn, „welch ein Unglück!" – „Wer weiß", erwiderte der alte Bauer, „ob Glück oder Unglück?" Eine Woche später kehrte das Pferd aus den Bergen zurück, es brachte fünf wilde Pferde mit in den Stall. „Wie wunderbar", sagten die Nachbarn, „welch ein Glück!" – „Glück oder Unglück? Wer weiß!", sagte der Alte. Am nächsten Morgen wollte der Sohn eines der wilden Pferde zähmen. Er stürzte und brach sich ein Bein. „Wie schrecklich! Welch ein Unglück!" – „Glück? Unglück?" Die Soldaten kamen ins Dorf und holten alle jungen Männer in den Krieg. Den Sohn des Bauern konnten sie nicht brauchen, darum blieb er als Einziger verschont. „Glück? Unglück?"

- „Die scheinbar alleine Schuldigen betrachten wir als Symptomträger. Es geht nicht darum, einzelne Personen zu verändern, zu psychologisieren, sondern darum, Strukturen, Beziehungsmuster und Denkschienen zu erkennen und Sichtweisen zu verändern, um ein anderes Verhalten zu ermöglichen. Alle Betroffenen haben Anteile an einer Situation."

- „Wir gehen von einem holistischen Prinzip aus. Alles ist in jeder kleinen Einheit prinzipiell enthalten und alles hängt mit allem zusammen. Ein chinesisches Sprichwort sagt: Im Wassertropfen ist das Meer enthalten. Wo immer wir ansetzen, es wird sich auf anderes auswirken (Mobileeffekt).“
- „Wenn wir den Rahmen unseres Betrachtungsfeldes ändern, ändern sich oft wahrgenommene Zusammenhänge, Bedeutungen. Wir nennen das Reframing. Dazu folgende Geschichte: Ein 60-jähriges Ehepaar geht im Wald spazieren. Eine Fee flüstert in das Ohr des Mannes: „Du hast einen Wunsch frei.“ Der Mann sagt, ohne zu überlegen: „Ich wünsche mir eine um 20 Jahre jüngere Frau.“ Da machte die Fee „schnipp“, und er ist 80.
- „Entwicklungsprozesse brauchen Zeit. Es gibt eine biologische Eigenzeit für lebendige Systeme. Auf Knopfdruck passiert keine tiefere mentale Veränderung.“
- „Wir verstehen unsere Rolle in der Beratung als Impulsgeber, Begleiter auf dem Weg, eine höhere Problemlösungskompetenz des Systems zu entwickeln. Auch das Bild des Gärtners passt dazu. Er kann Strukturen legen, pflanzen, schneiden, düngen, veredeln, pflegen. Aber er kann keine Ananas pflanzen, wenn das Klima und der Boden dafür nicht geeignet sind. Er muss die Wachstumsbedingungen der Pflanzen kennen und respektieren.“

3.2 Beziehung zum Klienten und zu sich selbst

Diese Charakterisierung von Haltung impliziert auch eine bestimmte Qualität von Beziehung zum Klienten und zu sich selbst als Berater.

- „Wesentliche Basis jeder Beratung ist Wertschätzung, Vertrauen in die Fähigkeit der Selbsthilfe und der Glaube an die Entwicklungsfähigkeit von Menschen und Organisationen.“
- „Wir arbeiten nicht nur mit den mächtigen Personen, sondern auch mit den verschiedensten Interessengruppen bzw. Hierarchien. Wir nennen das Allparteilichkeit. Wir sind der Anwalt der Ambivalenz.“
- „Da wir uns unserer Grenzen zu intervenieren bewusst sind, Autopoiesis ernst nehmen, gehört bei allem Selbstbewusstsein auch Bescheidenheit zu unserer Haltung.“

- „Feedback bedeutet Lernen und Selbststeuerung. Wir glauben an Selbstverantwortung, an Selbstheilungskräfte lebendiger Systeme, die es zu aktivieren gilt. Dabei sollten wir anschlussfähig sein."
- „Da wir trainiert sind, in erster Linie die Ressourcen, die Potenziale und nicht die Defizite zu sehen, liegt uns mehr daran, mit Möglichkeiten, positiven Zukunftsbildern und Optionen zu arbeiten: Was läuft gut? Wo gibt es Erfolge? Was ist Ihre Vision? Diese Haltung eröffnet Erweiterungen von Handlungsfeldern. Sie kann helfen, eingefahrene Denkschienen zu verlassen."
- „Wir sind auf Suche nach den Energieblockaden. Sind sie beseitigt, fließt es wieder. Meist wissen die Betroffenen am besten selbst, was sie blockiert und wie sie sich selbst helfen können."

Diese Haltung zu leben ist nicht einfach. Sie bedeutet permanente Arbeit auch an sich selbst. Distanz zur Situation bei gleichzeitig intensivem Sicheinlassen, die eigene emotionale Resonanz als Information nutzend. Ohne Reflexion, Bewusstheit geht das nicht, ohne sich selbst, die eigenen blinden Flecken, Fehler, Werte, Grenzen zu kennen und zu akzeptieren. Das Aushalten der Unsicherheit gibt Sicherheit und Stabilität und macht Professionalität aus. Die folgende Geschichte drückt diesen Zusammenhang aus.

Zwei Zen-Mönche, der eine bejahrt, der andere noch ganz jung, wanderten im Regenwald einen schlammigen Pfad entlang. Sie waren auf dem Heimweg zu ihrem Kloster. Da begegneten sie einer schönen Frau, die hilflos am Ufer eines reißenden Flusses stand. Der alte Mönch, der die Not der Frau erkannte, hob sie auf seine starken Arme und trug sie hinüber. Sie lächelte und schlang die Arme um seinen Hals, bis er sie am anderen Ufer sanft absetzte. Mit einer anmutigen Verbeugung dankte sie ihm, und die Mönche setzten schweigend ihren Weg fort. Nicht weit von der Klosterpforte konnte der junge Mönch nicht mehr an sich halten: „Wie konntest du nur eine schöne Frau in die Arme nehmen? So etwas ziemt sich nicht für einen Mönch!" Der alte Mönch sah seinen Gefährten an und sagte: „Ich habe sie dort zurückgelassen. Trägst du sie immer noch?"

Als rotem Faden, der sich durch die Bilder, Werte und Einstellungen, die systemische Haltung ausmachen, zieht, begegnen wir immer wieder

Paradoxien und Widersprüchen. Die Fähigkeit, diese Pole integrieren und ausbalancieren zu können, macht eine differenzierte Professionalität aus (s. Abb. 7).

- Reflexion, Lernen aus Feedback bei gleichzeitiger Spontaneität, Intuition
- Selbstbewusstsein bei gleichzeitiger Bescheidenheit
- Lernen, Forschen, Entdecken, Neugierde, Nichtwissen bei gleichzeitig klar vertretenen Metanormen, Abgrenzungen, Wissen und Positionierung auf der Prozessebene
- Betroffensein, Engagement bei gleichzeitigem Distanz-wahren-Können, Gelassenheit
- Verantwortungsgefühl und Spaß an Spielerischem
- Sicherheit geben und gleichzeitig auch konstruktiv irritieren
- sowohl harte Fakten als auch weiche Faktoren einbeziehen
- Verändern und gleichzeitig Bewahren
- Entschleunigung bei gleichzeitiger Effizienz

Abb. 7: Haltungsbalance zwischen Polen

Aus den beschriebenen Haltungsdimensionen heraus ergibt sich eine Orientierung für Vorgehensweisen und Rahmenbedingungen. Sie zu beachten reduziert Risiko und macht Beratungserfolg wahrscheinlicher (s. Königswieser u. Hillebrand 2006).

3.3 Erfolgsfaktoren der systemischen Beratung

Wir stellen in Abbildung 8 unsere Erfahrungen in verdichteter Form dar. Die in den zehn Eckpunkten genannten Faktoren sind für uns eine Art Frage- und Checkliste, die Orientierung geben kann, ob die Rahmenbedingungen für ein erfolgreiches Projekt vorhanden sind oder nicht. Man kann die Fragen sowohl mit Ja oder Nein, als auch auf einer Skala von 0 bis 10 (0 = trifft überhaupt nicht zu, 10 = trifft vollständig zu) beantworten. Die in der Abbildung aufgeführten Punkte gelten nicht nur für komplexe Projekte, sondern auch für weniger komplexe, z. B. für die Durchführung von ein bis zwei Workshops.

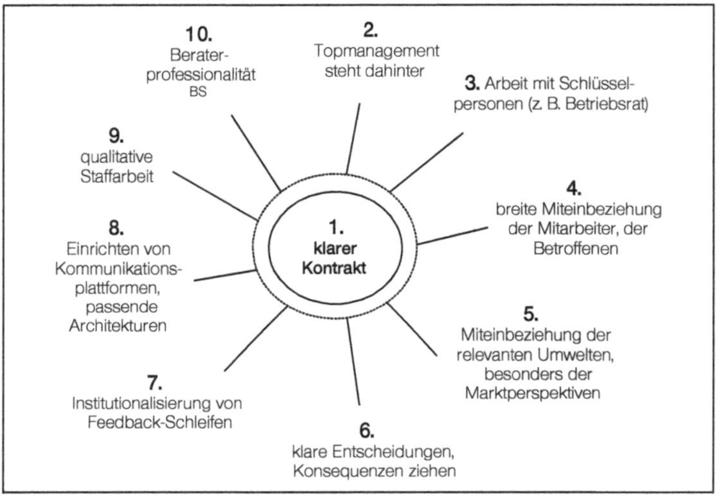

Abb. 8: Erfolgsfaktoren der systemischen Beratung

Ad 1: Ist der Kontrakt klar? Wann ist die Beratung ein Erfolg? Ist die Rolle der Berater, Projektleiter usw. klar? Gibt es eine Evaluation, eine Nachsteuerung der Zielvereinbarungen, wenn sich etwas ändert?

Ad 2: Sind beim Erstgespräch die wichtigsten Akteure aus dem Topmanagement dabei? Gibt es in der Architektur ein Topmanagement-Coaching-Element? Ist der Dialog zwischen oberster Ebene und Steuergruppe sichergestellt? Tritt das Topmanagement in der Unternehmensöffentlichkeit insgesamt als Unterstützung auf?

Ad 3: Wer sind die offiziellen und inoffiziellen Schlüsselpersonen? Haben wir eine starke Projektleitung? In welche Aktivitäten sind Schlüsselpersonen involviert? Wie pflegen wir die Beziehung zu ihnen? Wie viele davon sind in der Steuergruppe, im Gesamtprojekt? Sind sie als Gruppe angesprochen?

Ad 4: Wie werden Mitarbeiter, Untergruppen in den Prozess mit eingebunden (Interviews, Projekte, Plattformen)? Sind die Kommunikationsplattformen hierarchisch durchmischt? Wie laufen die internen Kommunikationsprozesse? Werden die Ideen der Mitarbeiter genügend aufgenommen?

Ad 5: Wer oder was sind die relevantesten Umwelten? Können wir sie mit einbeziehen? Wenn ja, wie? Haben wir die Marktperspektive genügend hereingeholt (z. B. Kunden, Lieferanten, Behörden, Aufsichtsräte)? Findet dabei Koevolution statt?

Ad 6: Werden symbolische Handlungen und Rituale genutzt, um Veränderungen zu unterstützen? Gibt es z. B. unternehmensöffentlich sichtbare, positive Konsequenzen, z. B. Beförderungen, Lob?

Ad 7: Haben wir genug Feedbackschleifen eingebaut? Gibt es qualitative Projektreviews? Gibt es direkte Rückmeldungen z. B. aus der „Fläche", den Filialen und Plants? Gibt es gute Mitarbeitergespräche? Sind Prozessevaluationen geplant? Sind Feedbacks nach Sitzungen institutionalisiert?

Ad 8: Passt die Gesamtarchitektur? Sind dynamische Anpassungen möglich? Sind Kommunikationsplattformen eingerichtet (z. B. Steuergruppe, Sounding Board – s. S. 62 –, Erfahrungsaustauschgruppen, Best Practice etc.)

Ad 9: Haben wir regelmäßig Staff-Termine eingeplant, um fortlaufend Hypothesenbildung und Reflexion zu ermöglichen? Gibt es eine professionelle Qualitätskontrolle und Feedbackprozesse im Staff?

Ad 10: Entsprechen wir selbst dem Anforderungsprofil? Bilden wir uns weiter? Wie viel Bewusstheit der eigenen Stärken und Schwächen, Hoffnungen und Ängste ist bei uns vorhanden? Wie steht es mit unserer psychosozialen Kompetenz?

3.4 Die systemische Schleife als Basismodell

Wir haben schon eingangs betont, dass unserer systemischen Beratungsarbeit das Modell der „systemischen Schleife" zugrunde liegt (s. Abb. 9). Sie stellt ein anschauliches, einfaches Denk- und Prozessmodell dar, welches die systemische Haltung zum Ausdruck bringt: „Ich möchte verstehen, was läuft. Wir müssen zuerst Hypothesen bilden, reflektieren, nicht gleich agieren."

Dieses Basismodell besteht aus mehreren Schritten, die immer wieder gegangen werden und zu besserem Verstehen führen: Zuerst sammeln wir Informationen, bilden Hypothesen, bevor wir die Interventionen planen und durchführen.

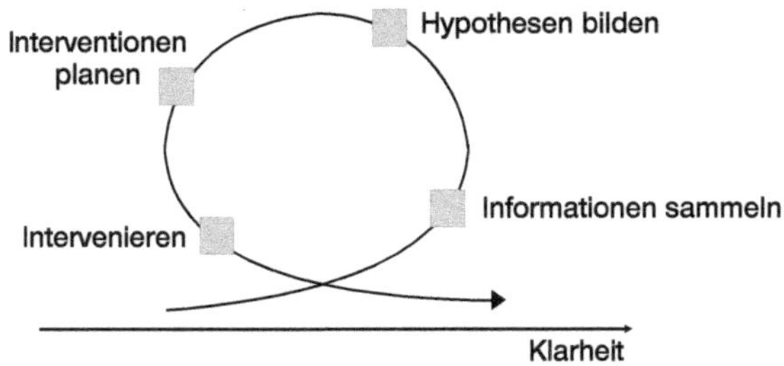

Abb. 9: Prozessmodell „systemische Schleife"

Schon am Anfang jedes Beratungsprojektes spielt die Schleife eine wichtige Rolle. Am Anfang steht immer ein Gespräch, sei es eine telefonische Anfrage oder ein Face-to-Face-Orientierungsgespräch. Darauf folgen staffinterne Diskussionen und Entscheidungsfindungsprozesse. Nach dem Sammeln von Detailinformationen beginnt die Hypothesenbildung, das Vorschlägemachen, Vereinbarungentreffen und später dann das Setzen konkreter Maßnahmen, die Auswertung der Auswirkungen, Reflexionen, Diskussionen, Anpassungen und so fort, bis zu einem hoffentlich erfolgreichen Abschluss des Projekts. Jedes Projekt hat also einen Anfang und ein Ende. Innerhalb dieser geradlinigen Zeitachse geht es aber nicht linear, sondern eher „spiralförmig" zu.

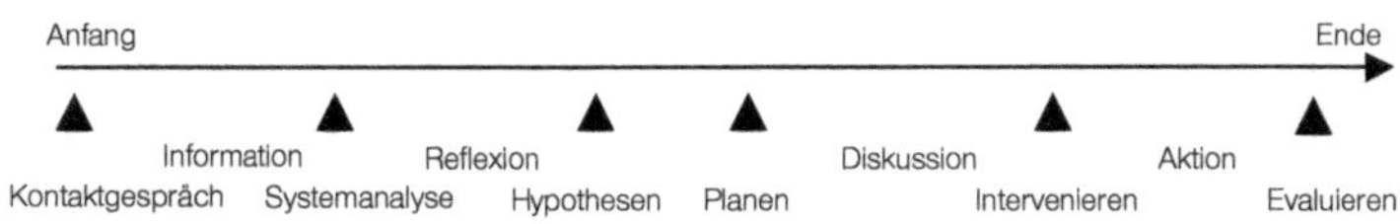

Abb. 10: Zeitachse als Grundstruktur von Beratungsprozessen

Wenn wir uns die einzelnen Phasen und Schritte des Projektverlaufes genauer ansehen, können wir feststellen, dass die Logik der jeweiligen Schritte bzw. Interventionen immer ein und demselben Grundmuster folgt. Jeder Schritt enthält in sich die Schleife von Informationssammlung, Hypothesenbildung und Intervention. Also enthält auch der Schritt „Informationssammlung" oder „Hypothesenbildung" das Moment der „Intervention" und umgekehrt. Das klingt komplizierter, als es ist.

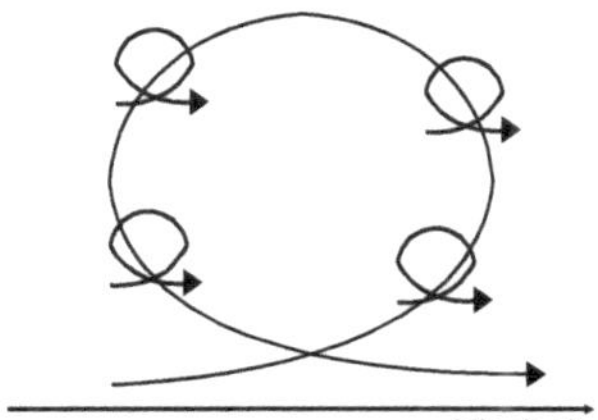

Abb. 11: Die Schleifen in der Schleife

Wenn man als Berater z. B. in einem Erstkontaktgespräch eine Frage stellt, so tut man dies auf der Basis von mehr oder weniger vagen Vorinformationen, Ahnungen und Annahmen bezüglich dessen, worum es gehen könnte, was das Anliegen des Klienten sein könnte und welche Rolle man selbst dabei spielen sollte. Gleichzeitig zieht man als Fragender auch mögliche Antworten, Konsequenzen seiner Frage in Betracht, man bildet Hypothesen und wählt entsprechende Fragen aus. Der Berater macht sich also nicht einfach ein Bild von der Organisation und der Problemlage wie ein Fotoapparat, sondern erzeugt über diesen Denkzirkel gemeinsam mit den Befragten die „Wirklichkeit", die dann Gegenstand weiterer Überlegungen zur Vorgehensweise ist.

Es ist eine Illusion, zu glauben, wir müssten nur genug Fragen und Informationen sammeln, dann würde das Bild komplett werden: Wir handeln immer auf glattem Parkett und mit großen Unsicherheiten.

Die reflexive, diskursive Klärung des Wirkungsgefüges sollte dann zu Annahmen führen, wie das Problem des KS angegangen werden könnte. Daher ist auch die Phase der Hypothesenbildung genau genommen ein Zirkel bzw. eine Schleife von Information – Hypothese – Intervention.

Diese Reflexionsarbeit wird zwar auch mit dem Kunden gemeinsam gestaltet, aber der Beraterstaff ist das eigentliche Zentrum dieser Arbeit. Den Erfolgsfaktor „Staffarbeit", die Reflexionsarbeit mit den eigenen Kollegen, wollen wir besonders hervorheben. Ohne sie können wir uns keine qualitativ hochwertige Arbeit vorstellen. Bei guter Staffarbeit spürt man, dass Unterschiede ergänzend und befruchtend genutzt werden, dass man einander traut. Man hört einander zu, baut aufeinander auf und tritt in einen konstruktiven Wettstreit um die besseren

Ideen, um Anschlussfähigkeit, wirkungsvolle, aber auch pragmatische Lösungen. Der nötige Tiefgang bei dieser Arbeit ist aber nur erreichbar, wenn man sich ausreichend und regelmäßig Zeit dafür nimmt.

3.5 Hypothesen und Wirklichkeitskonstruktion

Eine zentrale, in die Schleife integrierte Methode systemischen Vorgehens ist das Bilden von Hypothesen. Das ist einerseits ein kreativer Akt, bei dem Fantasie, spielerisches Umgehen mit Denkmöglichkeiten und Mustern eine wichtige Rolle spielen, der andererseits aber auch große Offenheit erfordert. Gute Staffs (BS) bilden dafür eine optimale Voraussetzung.

Nach systemischem Verständnis sind Wahrnehmungen, Erfahrungen, Schlussfolgerungen, Aussagen und Behauptungen immer *mentale Konstrukte*. Es hängt von Stimmungen, Erwartungen, situativen Umständen und lebensgeschichtlichen Prägungen ab, was wir *wahr*nehmen (vgl. Königswieser 1987). Dasselbe gilt für erinnerte Geschichte, Lebenserfahrungen und Zukunftserwartungen (vgl. Ortner 2003a).

So gesehen, sind Hypothesen Orientierung stiftende „Überbrückungskonstruktionen", die entweder eine Verbindung schaffen zwischen vorhin und jetzt, gestern und heute, also Erinnerung, Erfahrung, Weltbild, oder zwischen jetzt und später, heute und morgen, also Erwartungen, Hoffnungen, Absichten, Pläne. Wenn auf dieser konstruierten Zeitachse Veränderungen auftauchen, suchen wir nach Erklärungen, nach Ursachen, Gründen. Wenn wir uns ein Bild davon machen, was womit zusammenhängt, und erklären, warum was geschieht bzw. geschehen ist oder wird, dann sind diese Entwürfe nie ganz frei von unseren Wünschen, Befürchtungen und Hoffnungen.

Wenn also in Gruppen über unterschiedliche Ansichten und Annahmen diskutiert wird, geht es nicht nur darum, Hypothesen miteinander zu vergleichen und gemeinsam herauszufinden, welche am meisten erklären könnte, sondern es geht dabei auch um Selbstfindung und Selbstpositionierung in der Welt, im sozialen Raum.

Hypothesen dürfen nicht mit der Zuschreibung von Eigenschaften oder Qualitäten oder mit wertenden Beurteilungen verwechselt werden. Wenn z. B. eine Führungskraft von einem Mitarbeiter behauptet, er sei faul, dann ist das eine bewertende Beschreibung einer Person, dahinter kann man aber auch die Beziehung zwischen diesen beiden Personen sehen. Die Beziehung, in der es kein eindimensionales Ursache-Wirkungs-Gefüge gibt, kann Inhalt von Hypothesen sein: „Das Rollenverständnis beider Personen ist unklar. Die Erwartungen aneinander sind widersprüchlich. Die Struktur der Arbeitsbedingungen führt möglicherweise dazu, dass der Mitarbeiter seine Potenziale nicht ausschöpfen kann."

Systemische Hypothesen beschreiben Beziehungsdynamiken, Wechselwirkungen, Prozesse, verweisen auf Kontexte, sind ressourcen- und lösungsorientiert, wirken oft unkonventionell. Sie versuchen, den verborgenen Sinn von Problemen zu erfassen. Sie haben eine erklärende Kraft.

3.6 Reflexion

Ein weiteres Element der Kernprozesse in der systemischen Beratung ist die Reflexion. Reflektieren heißt so viel wie „zurückspiegeln", und zwar im Kopf. Wenn wir diese Metapher ausformulieren, dann haben wir einerseits einen Prozess: „beleuchten, zurückwerfen, sehen", und andererseits drei Elemente: „Sender, Reflektor, Empfänger". Auf Denkprozesse übertragen, bedeutet Reflexion „über einen Gedanken nachdenken", d. h., man muss einen Gedanken denken, aussprechen, aufschreiben, zu ihm Distanz gewinnen und ihn quasi aus einer Beobachterposition heraus „betrachten". Warum ist dieses „Überdenken des Gedachten" im Zusammenhang mit systemischer Organisationsentwicklung wichtig?

Wenn Menschen miteinander streiten, wenn sie sich in schwierigen Situationen in Bedrängnis fühlen, aber auch in ganz unproblematischen Situationen sind sie immer Gefangene dieser Situationen. In Situationen der Angst, Wut, Trauer, Verliebtheit, Verzweiflung tun wir oft mehr oder weniger bewusst Dinge, die wir später als „Engstirnigkeit" oder „Kurzschluss" bezeichnen und bedauern, oder etwas erscheint uns so sonnenklar und sicher, was sich bei späterem Nachdenken als Dummheit, Verblendung, Ignoranz herausstellt.

Das heißt, ganz einfach gesagt: Jeder unserer Gedanken hängt immer mit dem ganzen Körper zusammen. Sie beeinflussen sich wechselseitig.

Reflexion erfordert Distanz, Ruhe und Loslassenkönnen, nicht „mit dem Kopf durch die Wand wollen". Aus der Distanz ist es möglich, eine Sache auch anders zu sehen, zu denken. Vor allem durch gemeinsame

Reflexion können Gedankengänge, Denkmuster und Schablonen nochmals überprüft und eventuell korrigiert bzw. modifiziert oder gar „über Bord geworfen" werden.

Für systemische Intervention ist die Selbstbeobachtung, das zyklische Nachdenken über sich selbst, über Gedanken und Aktionen deshalb so wichtig, weil nur durch Reflexion überprüft werden kann, ob situative Sicht- und Verhaltensweisen mit den Grundsätzen, Haltungen, Werten, Normen systemischer Organisationsentwicklung im Einklang stehen oder nicht. Jede Fragestellung, Hypothese, Aktion und Reaktion muss immer wieder daraufhin überprüft werden, ob sie nicht zu sehr von Voreingenommenheit, Vorurteilen, Emotionen und Eigeninteressen geprägt sind und uns Berater blind machen.

Reflexion ist eine Denkweise, die gelernt werden muss. Allerdings kann ein Zuviel an Reflexion auch zur Handlungsunfähigkeit führen. An irgendeinem Punkt muss die Reflexion abgebrochen und gehandelt werden. Die oben besprochene *Grundhaltung* systemischer Beratung ist dabei Orientierung und Sicherheitsnetz.

3.7 Feedback

Was für den individuellen mühsamen Prozess des Gedankenklärens die Reflexion ist, ist für die Kommunikation zwischen Personen und Subsystemen das *Feedback*. Feedback ist die Rückspiegelung der Wirkung der eigenen Aktionen, gebrochen durch die Sicht des anderen. Norbert Wiener bringt das Thema auf den Punkt, indem er sagt: „Ich wusste erst, was ich sagte, als ich die Antwort darauf hörte." Feedback dient daher dem Vergleich des Selbstbildes mit dem Fremdbild.

Im Kontext der systemischen Organisationsberatung spielen Rückmeldungen auf der persönlichen Ebene zwar auch eine Rolle, haben aber eine untergeordnete Bedeutung. Auch gruppendynamische Phänomene, Feedbacks in Teams sind wichtig, bilden aber immer noch nicht den Schwerpunkt organisationalen Lernens und der Selbststeuerung.

Wir versuchen in unserem Ansatz, an jenen Druckstellen Feedbackprozesse zu initiieren, an denen neue Muster gewoben werden können, sich Veränderung zweiter Ordnung ereignet (vgl. Watzlawick 1974).

Wir denken dabei an Rückkoppelungsprozesse zwischen Subeinheiten, z. B. Zentrale und Tochterunternehmen und ihren Rollenträgern, die über die gewohnten Kommunikationswege im unternehmerischen Alltag keine Chance haben stattzufinden. Als Zentrale mit den Fremdbildern, mit bisher nicht ausgesprochenen Erwartungen konfrontiert zu werden, kann völlig neue Einsichten bewirken. Natürlich geht dieser Austausch häufig mit scharfen Konfrontationen, mit emotionalen Aufregungen einher, aber er zeigt Wirkung. Obwohl es dabei um Feedback zwischen Subeinheiten geht und nicht zwischen einzelnen Personen, laufen die für Feedback typischen Mechanismen ebenfalls ab.

Auch hier gibt es keine Objektivität, spielen eigene Projektionen, Selbstdarstellung und eigene Interessen eine Rolle.

Schon Descartes soll gesagt haben: „Was Peter über Paul sagt, sagt mehr über Peter als über Paul."

Die Interpretation von Feedback ist daher auch nicht leicht. Wenn z. B. eine Mutter das Schreien ihres Kindes als Aggression interpretiert, wird sie es bestrafen. Interpretiert sie es aber als Ruf nach Zuwendung, wird sie das Kind in die Arme nehmen. Dieses Beispiel ist auf Organisationen übertragbar. Erlebt die Produktion die Erwartungen des Vertriebes als Aggression, Kritik an der Qualität ihrer Arbeit, wird sie „zurückschlagen": „Der Vertrieb ist unfähig!" Werden die Äußerungen als Hilferuf interpretiert, kann eine neue, gemeinsame Lösung erarbeitet werden.

Sehr oft wird Feedbackgeben mit Kritik, Lob, Anerkennung, Abwertung oder Appellen verwechselt. Aber es geht nicht um Wertungen, um Beurteilungen, sondern um rückgemeldete Wirkungen. Deshalb darf das Feedback nicht durch die Angst beeinflusst werden, beim Empfänger damit negative Reaktionen auszulösen. Feedback kann nur gegeben und empfangen werden, wenn in der Beziehung ein Basisvertrauen existiert. Es darf nicht als Anmaßung ausgelegt werden. Wir haben es wieder einmal mit einem Paradoxon zu tun: Vertrauen ist die Voraussetzung für qualitative Feedbackprozesse, gleichzeitig ist Vertrauen aber auch die Folge davon.

Feedbackprozesse sind emotional immer sehr aufregend, unabhängig davon, ob man als Person oder als Rollenträger – etwa als Vertreter einer Einheit – angesprochen wird. Plötzlich ist man mit dem Fremdbild konfrontiert, was besonders dann zur Erregung führt, wenn es vom eigenen Selbstbild abweicht – was ja fast der Normalfall ist. Das gilt sowohl für unerwartet negative als auch für unerwartet positive

Feedbacks. Das Instrument des Feedbacks liefert aber gerade deshalb wertvolle Informationen; es kann Entwicklungen beschleunigen und Verhalten steuern.

Das Phänomen, dass über Feedback ein Prozess in Gang gesetzt wird, bei dem die beteiligten Akteure in einem Zirkel ihr Denken und Verhalten fortlaufend modifizieren, nennt man auch „Rückkopplungsschleife". Wir haben bereits gesagt, dass diese Rückkopplungsschleifen durch Feedback aber nicht nur auf individueller Ebene wirksam sind, sondern vor allem auf kollektiver, auf Gruppen- und der Organisationsebene. Die individuellen Rückkopplungsschleifen bleiben zwar wichtig für individuelle Lernprozesse, aber sie entfalten keine starke Systemwirkung. Die eigentliche Kraft von Feedbackschleifen, die zu kollektiven Lernprozessen führen, wird durch andere Instrumente in Gang gesetzt.

Viele von unseren angeführten Architekturelementen erfüllen die Funktion, Fremd- und Selbstbilder von Subsystemen anzugleichen und Erwartungen zu klären. Sie initiieren somit massive Selbststeuerungsprozesse im System. Feedback erfüllt somit auch die Funktion, Systeme zu irritieren und ihre „blinden Flecken" zu verkleinern.

3.8 Beobachtungskategorien systemischer Beratung

Bei den oben beschriebenen Prozessschritten der systemischen Schleife stellt sich die Frage, was bei der Informationssammlung und Hypothesenbildung aus der Fülle der Eindrücke tatsächlich ausgewählt wird. Was beobachten wir in erster Linie? Worauf ist unsere Aufmerksamkeit gerichtet?

Hat man ein mechanistisches Weltbild, wird man andere Fragen stellen als ein systemischer Berater. All das, was wir weiter oben als systemische Sicht von Welt, Organisation und Intervention beschrieben haben, schlägt sich in den Beobachtungskategorien auf einer operativeren Ebene nieder.

Wir haben für uns auch hierfür wieder eine Art Checkliste entwickelt. Damit können Suchfelder für relevante Fragen und Orientierungen für Interventionen abgesteckt werden. Darüber hinaus werden natürlich hypothesengeleitet auch andere Fragen gestellt.

- Was ist das Klientensystem (KS)? Wo ist die Grenze zu ziehen?
- Was ist das Beratersystem (BS)? Wer gehört dazu?
- Wie ist die Beziehung zwischen BS und KS? (BKS, Kontrakt, Rollenklarheit.)
- Welche Erwartungen hat das KS an die Beratung? Was wäre ein Erfolg? Welche Erfahrungen gab es schon mit anderen Beratern? Warum wird gerade jetzt Beratung angefragt?
- Was sind die relevanten Umwelten? (Auftraggeber, Kunden, Lieferanten, Konkurrenten, Mitarbeitergruppen.)
- Wie sind die Beziehungen zu diesen relevanten Umwelten? Wie sind sie zu charakterisieren?
- Welche strukturellen und nicht strukturbedingten Widersprüche sind im KS erkennbar, und wie wird damit umgegangen? (Kollektive Verhaltensmuster, Problemlösungsmuster, Unternehmenskultur.)
- Welche inneren Strukturen gibt es? (Aufbau-, Ablauforganisation; formelle und informelle Beziehungsnetze; Erwartungsstrukturen, Normen, Regeln; Verhaltensmuster, Rituale, Spiele.)
- Welche inneren Strukturen sind als Spiegel der Umwelt zu verstehen? (Rollen, Normen, Abhängigkeitsstrukturen, Machtverteilung, Konfliktdynamiken.)
- Welche Symptomträger (z. B. Personen, Subsysteme) gibt es? Wofür stehen sie?
- Was ist die Funktion von Problemen und Symptomträgern, bzw. in welchem Funktionszusammenhang stehen sie? Wie wurde bisher mit Problemen umgegangen?
- Wie sieht das interne informelle Beziehungs- und latente Machtgefüge aus?
- Was wird als Stärke bzw. Schwäche des Unternehmens definiert?
- Wie groß ist der Veränderungsdruck? (Veränderung erster, zweiter Ordnung.)
- Wie ist das Klima, die Stimmung?
- Welche Zukunftsbilder gibt es? Welche Visionen bzw. Strategien?
- Wie wird die Gesamtsituation des Unternehmens als „Bild“ (Metapher, Story, Symbol) beschrieben?

4. Die drei Ebenen als Kernprozesse systemischer Intervention

Wir unterscheiden drei zentrale Interventionsebenen als Kernprozesse unserer Arbeit: *Architekturen, Designs* und *Werkzeuge.* Alle drei Interventionsebenen dienen dazu, Entwicklungsprozesse zu initiieren.

Die Architektur bildet den großen Rahmen des Beratungsprozesses, vergleichbar der Struktur eines Hauses. Die Designs sind mit der In-

Abb. 12: Komplexe Struktur eines Hauses

neneinrichtung, der Ausgestaltung der Räume zu vergleichen. Die Werkzeuge, die operative Interventionsebene, entsprechen den Installationen, Geräten und Werkzeugen im Haus.

So wie die Abbildung 12 vielleicht als überkomplex erlebt werden kann, produzieren wir Überkomplexität oft auch in der begrifflichen Abgrenzung zwischen Architektur, Design und Techniken bzw. Werkzeugen. Die Reflexionsschleife wird durch die Flugbahn des Vogels dargestellt.

Bevor wir uns näher mit den drei Interventionsebenen beschäftigen, wollen wir uns die Basisziele systemischer Beratung vergegenwärtigen, die grundsätzlich mit Interventionen erreicht werden sollen (s. Abb. 13).

- Überleben sichern und Erfolg haben, Zukunftsfähigkeit stärken
- Öffnen alternativer Sichtweisen, Denk-, Wahrnehmungs- und Interaktionsmuster; Ermöglichung neuer Verhaltensoptionen und Problemlösungen, Deblockieren von Energie; Auflösen von rigiden Schleifen, Strukturverhärtungen
- Sichtbarmachen von Widersprüchen und Enttabuisierung latenter Themen; Steigerung des Reflexionsniveaus
- Denken und Wahrnehmen in systemischen Kategorien.

Abb. 13: Ziele systemischer Intervention

Der entscheidende Unterschied zwischen konventioneller Organisationsberatung und systemischer Intervention besteht im dabei intendierten Lernprozess: „schulisches Lernen, Fachwissenlernstoff, Rezepte" gegenüber „soziales Lernen, Lernen des Lernens, Lebens-, bzw. Entwicklungsfähigkeit".

Systemisches, soziales Lernen kann sich nicht über Belehrungen oder durch das Lesen von Büchern ereignen. Dazu sind besondere Methoden, Verfahren, Techniken und Werkzeuge erforderlich. Systemische Interventionsformen sind deshalb so vielfältig, weil sie in ein komplexes System eingreifen müssen und weil sie das gesamte Spektrum von Zusammenhängen zwischen individuellen, sozialen, strukturellen, materiellen, symbolischen, gesellschaftlichen und kulturellen Faktoren des Systemgeschehens betreffen.

4.1 Die fünf Dimensionen der Intervention

Auf allen drei Interventionsebenen laufen immer fünf Interventionsdimensionen mit: *sachlich, sozial, zeitlich, räumlich, symbolisch*. Diese Dimensionen können mehr oder weniger bewusst gestaltet sein.

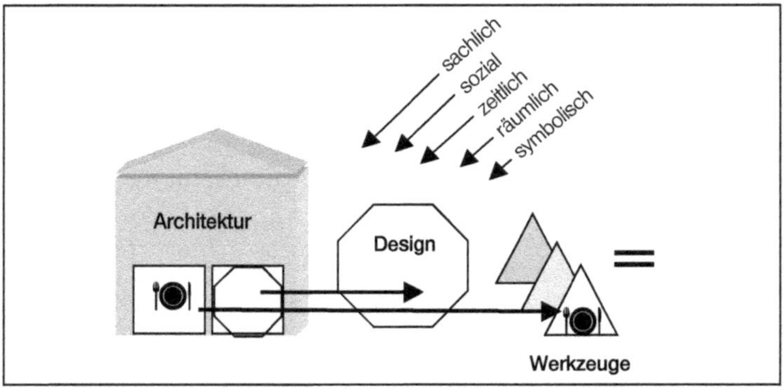

Abb. 14: Architektur, Design, Werkzeuge/fünf Interventionsdimensionen

Auf der Ebene der Gesamtplanung, der Architektur, sind Entscheidungen zu treffen, was das Ziel der Beratung ist (sachliche Dimension), wer die relevanten Akteure dabei sind (soziale Dimension), wie lange das Projekt laufen soll (zeitliche Dimension), wo die geplanten Ereignisse stattfinden sollen (räumliche Dimension) und welche Symbolik dabei angemessen ist.

Auf der Designebene geht es ebenfalls darum, sorgfältig die passendsten Varianten zu finden. Bei einem Workshop z. B. ist die Klarheit des Zieles wichtig (sachliche Dimension), es geht um die Entscheidung, wer eingeladen wird (soziale Dimension), um die Dauer (zeitliche Dimension) und um die Gestaltung der Räume, der Sitzordnung (räumliche Dimension). All diese Entscheidungen über das Wie sind schließlich auch symbolische Signale.

Auf der operativen Ebene der Werkzeuge (Techniken) sprechen wir vom konkreten Ziel einer Intervention (sachliche Dimension), von der Zielgruppe (soziale Dimension), vom Timing (zeitliche Dimension) und davon, an welchem Platz genau eine optimale Wirkung von der Intervention zu erwarten ist (räumliche Dimension). Alle dabei getroffenen Entscheidungen (die konkrete Auswahl einer Möglichkeit) haben gleichzeitig auch wieder eine symbolische Wirkung.

Der symbolischen Ebene wird in konventionellen Beratungsansätzen wenig Bedeutung beigemessen. In unserem Beratungsansatz hingegen hat die Arbeit mit Symbolen und Ritualen einen hohen Stellenwert. Symbole sind soziale Codes des Verstehens und Rituale soziale Codes des Handelns, die beide „unter die Haut gehen“, also auf einer Ebene wirksam sind, die etwas mit Gefühlen, dem individuellen und kollektiven Unbewussten, mit nichtrationalen Sinnzusammenhängen zu tun haben. Symbole sind immer etwas Konkretes, sinnlich Erfassbares und haben gleichzeitig eine tiefer liegende, nur den „Eingeweihten“ erschließbare Bedeutung. Trotz technischer Rationalität und wissenschaftlicher Aufgeklärtheit ist unsere soziale Welt, unser Alltag durchdrungen und gesteuert von Symbolen und Ritualen: Abzeichen und Diplomen, Gaben und Geschenken, Sitzordnungen, Begrüßungsritualen, Markenzeichen und Outfits. Es hat auch die Art und Weise, wie jemand mit Zeit umgeht – z. B. andere warten lassen – symbolische Bedeutung. Es wird damit Macht, Position und Einfluss signalisiert. Nonverbale Signale wirken viel direkter und tiefer als gesprochene Worte oder Zahlen (vgl. Watzlawick et al. 2000).

In unserem „Chance“-Beispiel sind auf allen drei Interventionsebenen Symboliken hineingewoben.

Auf der Architekturebene:

- Die Zusammensetzung der Kerngruppe berücksichtigt quer über Hierarchien, Funktionen und Unternehmensbereiche verschiedenste Blickwinkel. Symbolisch wird damit zum Ausdruck gebracht, dass alle Perspektiven wertgeschätzt sind.
- Am Anfang steht die Systemdiagnose, dann erst entwickeln wir gemeinsam mit Schlüsselpersonen das Konzept für die weitere Vorgehensweise. Symbolisch wird damit ausgedrückt, dass auf Vielfalt und Mitbeteiligung großer Wert gelegt wird.
- Die Neustrukturierung des Planungsprozesses drückt symbolisch aus, dass jeder Vorstand für den gesamten Konzern verantwortlich ist und nicht nur für die eigene Einheit.
- Wenn im Unternehmen alle wissen, dass es ein regelmäßiges Vorstandscoaching gibt, so ist das eine symbolische Botschaft, dass

man „die Stiege von oben kehrt", der Vorstand auch an sich arbeitet, Vorbild ist.

Auf der Designebene finden sich ebenfalls zahlreiche symbolische Signale:

- Der Stuhlkreise ohne Tische signalisiert: Wir sind hier alle gleich wichtig. Hier soll ein hierarchiefreier Raum entstehen. Die Interaktion soll ohne Barrieren stattfinden.
- Projektreviews mit der Fokussierung auf „Hinschauen, Zurückschauen, Vorausschauen" betonen symbolisch den Stellenwert von Reflexion, Lernen und dem Heraustreten aus eingefahrenen Denkschienen.
- Der „Markt der Erwartungen" (S. 82) symbolisiert Austausch, Aushandeln, Fairness, Transparenz, Geben und Nehmen.
- Der „Wertediamant" (S. 81) vermittelt: Werte sind etwas Wichtiges, woran man sich halten kann. Sie sind von Dauer und haben Beständigkeit.

Auch auf der Ebene der Werkzeuge finden wir jede Menge Symbolik:

- Das „Reflecting Team" drückt aus: Wir sind für Transparenz. Unsere Gedanken sind keine Geheimnisse. Die Berater schätzen und verstehen das Klientensystem. Sie bieten Interpretationsmöglichkeiten an, keine fertigen Lösungen.
- Alle „analogen Interventionen", wie das Zeichnen von Bildern, die Darstellung von Mustern über das Medium „Sketches", das Erzählen von Märchen und Parabeln oder die Arbeit mit Skulpturen und Aufstellungen sind verdichtete Symboliken von Situationen, Beziehungen, Entwicklungsprozessen und Lösungen.
- Auch die Bezeichnungen der jeweiligen Interventionselemente, wie „I have a dream" oder „Die jungen Wilden", nutzen sprachliche Bilder für symbolische Botschaften.

4.2 Die Interventionsebene „Architektur"

4.2.1 Grundsätzliche Überlegungen

Wir sprechen von der „Architektur" in Beratungsprozessen, wollen aber damit nicht zum Ausdruck bringen, dass es sich um ein fix und fertiges Gebäude handelt, sondern vielmehr um ein planendes Öffnen von Möglichkeiten und Entwicklungsräumen. So wie Architekten Räume entwerfen und dadurch Rahmen schaffen, in denen sich Unterschiedlichstes ereignen kann, stecken wir als Berater soziale, zeitliche, räumliche, inhaltliche und symbolische Gestaltungselemente und Fixpunkte ab, die Interaktionsprozesse vorstrukturieren. In diesem Sinn sind Architekturen Interventionen. Die Basis architektonischer Entwürfe sind – wie bei allen unseren Interventionsentscheidungen – Hypothesen.

Gute Architekten entwickeln gemeinsam mit dem Bauherrn ihre Entwürfe und berücksichtigen alle Rahmenbedingungen wie Generalbebauungspläne, Gesetze, Umgebung, gegenwärtige und zukünftige Bedürfnisse der Bauherren, Budgetrahmen usw. Genauso konstruieren auch wir als Berater gemeinsam mit Vertretern des Klientensystems die Gesamtkonzeption des Beratungsprozesses auf der sachlich-inhaltlichen, sozialen, zeitlichen, räumlichen und symbolischen Dimension. Auch hier gilt: Pläne verändern sich, werden situationsangepasst überarbeitet.

Was ist der Unterschied zwischen Architektur und Design?

Die Architektur legt fest, *dass* etwas stattfindet und *was* stattfindet, sozusagen die Überschriften, die Eckpfeiler, die Grobplanung. Mit dem Design wird entschieden, *wie* die inhaltliche, soziale, zeitliche, räumliche und symbolische Dimension im vorgegebenen Rahmen gestaltet wird. Das Design ist, wie schon gesagt, mit der Raumgestaltung, der Inneneinrichtung eines Gebäudes vergleichbar. Allerdings müssen mögliche Inneneinrichtungen schon in der Architekturplanung Berücksichtigung finden und umgekehrt, daher ist die Trennung zwischen Architektur und Design oft nur eine konzeptionelle.

Architektonische Elemente haben eine paradoxe Funktion: Sie schaffen fixe Rahmen für Freiräume. Beratungsprozesse, die eine gute Architektur haben, erleichtern neue Sichtweisen, ermöglichen vielfältige Perspektiven (z. B. durch heterogene Gruppenzusammensetzungen), führen neue Unterschiede ein (z. B. durch Interviews mit Kunden) und eröffnen neue Beobachtungs-, Feedback- bzw. Reflexionsmöglichkeiten (z. B. durch Elemente wie das „Sounding Board"). Sie erleichtern das Aufbrechen eingefahrener Denk- und Handlungsmuster, fördern das Lernenlernen und somit die Selbststeuerung.

Projektarchitekturen kann man auch als die höhere Schule von Projektplanungen bezeichnen. Prozess-Know-how bildet dabei, wie Abbildung 15 veranschaulicht, die Basis für anspruchsvolle Entwicklungsprozesse in komplexen Aufgabenstellungen für systemische Beratung.

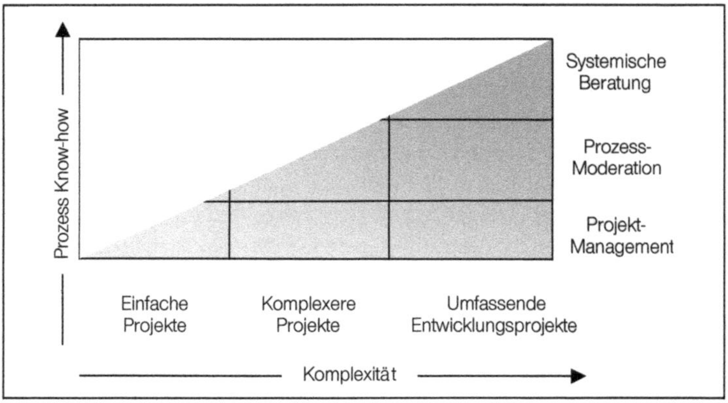

Abb. 15: Projektkomplexität und Beratungskompetenz

Einfache Projekte sind mit klassischen Projektmanagementtools gut zu bewältigen. Bei komplexeren Projekten steigen auch die Anforderungen an das Prozess-Know-how. Bei umfassenden Entwicklungsprojekten bildet das Know-how bezüglich Projektmanagement und Prozessmoderation die Basis für systemische Beratung.

4.2.2 Wichtige Architekturelemente für Entwicklungsprozesse

Die hier angeführten Architekturelemente bilden für uns die Basisgrundsteine für systemische Organisationsberatung. Sie beleben das System, weil durch sie neue Interaktionen möglich werden, Musterveränderung leichter wird. Wesentlich dafür ist allerdings, dass wir Berater diese Foren designen, gestalten und begleiten, um die Reflexionsfähigkeit des Systems zu erhöhen.

- **Klare Projektrollen**
  Funktion der Auftraggeber: Sie initiieren das Projekt, geben strategische Ausrichtung und Ziele vor, entscheiden über Umfang, Stellenwert und Ressourcen des Projekts, sind Vorbild.

Funktion der internen Projektleitung: Der internen Projektleitung obliegt die Führung der strategischen und operativen Prozesse des Projektmanagements. Sie muss nicht alle dabei anfallenden Aufgaben selbst übernehmen, steht aber kraft ihrer Funktion verantwortlich dafür ein, dass diese im gegebenen Zeitrahmen mit den dafür vorgesehenen Ressourcen und auf qualitativ hohem Niveau erledigt werden.

- **Die Systemdiagnose des Unternehmens/Evaluation**
  Die Systemdiagnose liefert Basisinformationen für Hypothesen und ein tieferes Verständnis für latente Muster und Systemlogiken. Grundlage einer Systemdiagnose sind Gruppeninterviews, an denen Mitarbeiter/innen mit verschiedenen Funktionen und Aufgabengebieten teilnehmen. Idealerweise sollten Mitglieder aller relevanten Gruppen der Organisation in den Interviews vertreten sein. Die Systemdiagnose ist selbst eine Interventionen zur Selbstbeobachtung eines Systems. Sie dient außerdem dem Aufbau von Vertrauen zwischen Berater- und Klientensystem. Wiederholt durchgeführt, ist sie eine Prozessevaluation (vgl. Froschauer u. Lueger 2003).

- **Rückspiegelungsworkshops**
  Sie stellen die Anschlussfähigkeit im Hinblick auf das Klientensystem her, indem die Diagnose zurückgespiegelt und diskutiert wird. Sie erleichtern eine gemeinsame Situationsdefinition und schaffen damit die Basis für eine von allen getragene Entscheidung über das weitere Vorgehen, d. h. für die Architektur des Beratungsprojektes. Jede Systemdiagnose sollte an die Interviewteilnehmer zurückgespiegelt werden.

- **Kerngruppe/Steuergruppe**
  Sie ist der Motor des Veränderungsprozesses. Sie hat eine Reflexions- und Katalysatorfunktion in Bezug darauf, neue Ideen anzustoßen, neue Initiativen zu starten und zur Mitarbeit anzuregen. Sie hat eine Adressatenfunktion und ist Anlaufstelle für Anliegen im Zusammenhang mit dem Prozess.
  Sie hat eine Monitorfunktion in Bezug darauf, kulturrelevante Diskussionen, Stimmungen, Handlungen und Entscheidungen im

Unternehmen aufzufangen, abzubilden und im Hinblick auf notwendige Schritte zu diskutieren.
Sie hat eine Managementfunktion in Bezug darauf, notwendige Entscheidungen zu initiieren, zu treffen und für ihre operative Umsetzung Sorge zu tragen.
Sie hat eine Controllingfunktion in Bezug darauf, Feedbackschleifen ins Vorgehen einzubauen und Ausschau danach zu halten, wie der Veränderungsprozess läuft, wo Probleme entstehen und wie nachzusteuern ist.
Sie hat eine Auftraggeberfunktion im Initiieren von Subprojekten, ferner eine Entscheidungsvorbereitungsfunktion und eine interne Marketingfunktion.

- **Subprojekte**
  Sie dienen der Erarbeitung von Konzepten, Entscheidungsgrundlagen und ihrer Umsetzung. Dank der Erweiterung der Mitarbeiterbeteiligung verbessert sich die Qualität der Ergebnisse, und es erhöht sich die Akzeptanz des Veränderungsprozesses.

- **Dialoggruppe**
  Sie dient der Abstimmung zwischen Topmanagement und Steuergruppe. Durch den Dialog zwischen Steuergruppe und Auftraggebern und anderen relevanten Umwelten wird die Gefahr reduziert, dass die Steuergruppe „abhebt", sich von der Realität des Machbaren entfernt oder gar zu einer mit dem Topmanagement konkurrierenden Parallelorganisation wird.

- **Sounding Board**
  Das Sounding Board wird von der Steuergruppe einberufen, um Resonanz, Feedback von Vorständen, Betriebsräten, Schlüsselpersonen und Mitarbeitern auf ihre geplanten Initiativen zu bekommen. Dieser Resonanzkörper kann je nach Art des Projektes eine Kleingruppe, aber auch eine Großveranstaltung sein.

- **Großveranstaltungen**
  Großveranstaltungen bieten die Möglichkeit, viele Menschen gleichzeitig zu erreichen. Dadurch entsteht Sinnstiftung und der Aufbau eines Wir-Gefühls. Durch die direkte Dialogmöglichkeit wird kollektive Energie mobilisiert, die raschen Wandel ermöglicht (Königswieser u. Keil 2000).

- **Arbeit mit der internen Projektleitung**
  Eine kontinuierliche Arbeit mit der Projektleitung stabilisiert das Projekt und den Prozess. Sie trägt zur Verselbstständigung des Klientensystems bei, weil sie hilft, Prozess-Know-how aufzubauen. Die Projektleitung bildet eine wichtige Brücke zwischen Berater- und Klientensystem.

- **Arbeit mit dem Topmanagement**
  „Der Fisch beginnt am Kopf zu stinken“ und „Die Stiege kehrt man von oben“ lauten zwei alte Sprichwörter. In unserem Zusammenhang heißt das, dass die Geschäftsleitung bzw. der Vorstand in die Veränderungsprozesse persönlich und emotional involviert sein soll. Durch diese Arbeit wird bewusster, dass das Topmanagement Vorbildfunktion hat, entsprechende Normen setzen muss und eine Schlüsselrolle bezüglich Glaubwürdigkeit des Projektes innehat.

4.2.3 Teams als Grundlage der Architekturelemente

Die meisten der angeführten Architekturelemente basieren auf der Grundannahme und Erfahrung, dass heterogen zusammengesetzte Teams die ideale Form für die Bearbeitung komplexer, neuer Aufgabenstellungen sind. Für uns sind sie ein wichtiges Element der Selbststeuerung und des Lernens in sich verändernden Systemen, weil sie die Komplexität der internen und externen Umwelten adäquat berücksichtigen und verarbeiten können. Sie sind Hyperexperten der Komplexitätsbewältigung (vgl. Königswieser u. Heintel 1998). Als Kriterien für die Zusammensetzung haben sich folgende vier Elemente bewährt.

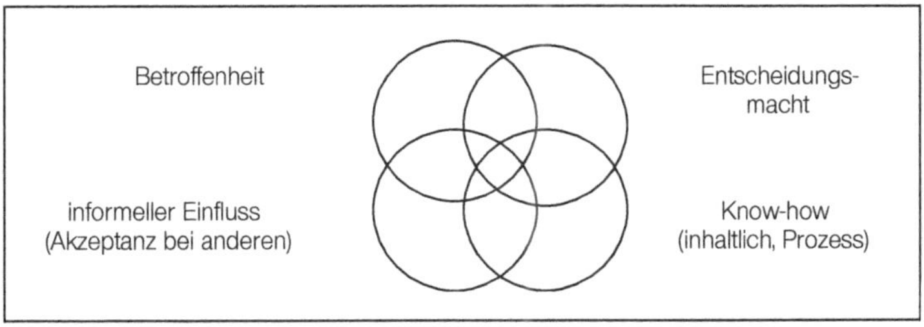

Abb. 16: Hauptkriterien der Zusammensetzung von Teams

In ideal zusammengesetzten Teams gibt es nicht nur Mächtige, die dazu beitragen können, dass über Konzepte auch klar und rasch entschieden wird (wenn möglich, sollte ein Vorstandsmitglied in der Steuergruppe sein), sondern es sollten auch Betroffene mitarbeiten, welche die relevanten Strömungen und Emotionen mit einbringen. Idealerweise bilden die Teams als Mikrokosmos das System ab.

Wenn diese Personen auch noch in wichtigen Subsystemen Akzeptanz genießen, erleichtert das die Arbeit an sich und beschleunigt die Umsetzung. Know-how-Träger – sachlich, aber auch prozessbezogen – bringen Ressourcen des Systems ins Projekt.

Je nach Ziel und Art des Projektes sind verschiedene weitere Architekturelemente zu entwerfen. Dazu gehören z. B.: Multiplikatorenforen, Coachingangebote, Train-the-Trainer-Module, Abteilungsworkshops, Dialogplattformen etc. Wir weisen hier nochmals auf die zentrale Bedeutung des Architekturelements „Staffarbeit“ hin.

4.2.4 Anwendungsbeispiele aus dem Beratungsprojekt „Chance“

Die einleitende Schilderung des Beratungsprojekts „Chance“ zeigt, wie verwoben die Interventionen auf den Ebenen Architektur, Design und Werkzeuge sind. In dem geschilderten Entwicklungsprozess haben uns u. a. die hier angeführten Architekturelemente unterstützt, nachhaltige Lernprozesse zu initiieren:

- die Kern-/Steuergruppe (mit Mächtigen, Betroffenen und Prozess-Know-how-Trägern bzw. Querdenkern)
- das Vorstandscoaching
- die wiederholte Systemdiagnose mit den Locationinterviews/Prozessevaluation
- der Crashkurs für die Interviewdurchführung
- die Gruppe der Jungen Wilden
- die Subprojekte Vision, Führung, Bürokratie und interne Kommunikation
- das Leadership-Programm
- die Projektinterviews
- die Managerkonferenz/Großveranstaltung mit 500 Führungskräften
- die Planungsworkshops

- das Kundenparlament
- die Mission Road Shows
- die Mitarbeitergespräche
- die Standortklausuren

Im folgenden Diagramm zeigen wir die wichtigsten Architekturelemente des Beratungsprojektes „Chance“ über den Zeitraum von vier Jahren. In dieser Form lassen sich komplexe Projekte relativ einfach darstellen.

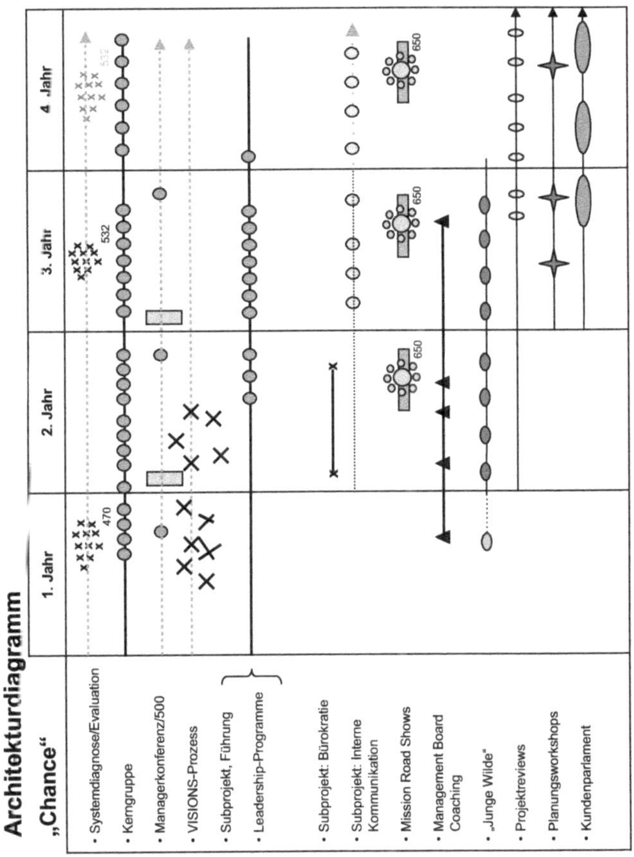

Abb. 17: Architekturdiagramm „Chance“

Aus dem Diagramm ist u. a. ersichtlich, dass:

- die Systemdiagnose am Anfang steht und dasselbe Instrument auch zur Prozessevaluierung genutzt wird;
- das Vorstandscoaching später in das Leadership-Programm integriert wird, daher seltener stattfindet, weil die gesamte Vorstandsgruppe das Leadership-Programm als eigene Gruppe mitmacht;
- die Kerngruppe als Motor des Prozesses das durchgängige Architekturelement ist;
- die „Jungen Wilden“ seit etwa zwei Jahren eine Institution sind;
- die Projektreviews erst ab dem dritten Jahr stattfanden, ab dann aber integraler Bestandteil sind;
- die Planungsworkshops in der neuen Qualität erst am Ende des zweiten Jahres möglich waren;
- die Mission Road Shows erst im Laufes des Prozesses initiiert wurden.

Ein weiteres Architekturbeispiel stellt eine Subarchitektur des „Chance“ Projekts dar, das englischsprachige Leadership-Programm mit rund 500 internationalen Führungskräften. Diese Architektur geht von einem für das Unternehmen maßgeschneiderten und auf den bestehenden Strukturen aufsetzenden Prozess aus. Wesentlich ist, dass mehrere unterschiedliche Lern- und Entwicklungsimpulse unter möglichst hoher Beteiligung der Betroffenen angesetzt sind und der Changeprozess mit dem Leadership-Programm eng verbunden ist.

Das Konzept des Leadership-Programms wurde in der begleitenden Projektgruppe entwickelt. Diese Gruppe bestand aus internen Führungskräften, Personalverantwortlichen und aus externen Beratern. Das Programm hatte vier dreitägige Module mit den Schwerpunktthemen Teamentwicklung/Konstituierung, systemisches Projektmanagement, Konfliktmanagement und Unternehmertum. Basismodell war das Kompetenzrad. Die regionalen Transferräume dienten dem Erfahrungsaustausch.

Jede Lerngruppe im Leadership-Programm (à 10–15 Personen) wählte sich nach vorgegebenen Kriterien, die eine Hebelwirkung für die Veränderung haben sollten, je ein Projekt aus, das auch eine „Schuhnummer“ zu groß sein sollte. Für diese Projekte gab es die Möglichkeit eines externen Projektcoachings. Die Projektergebnisse wurden dann auf der

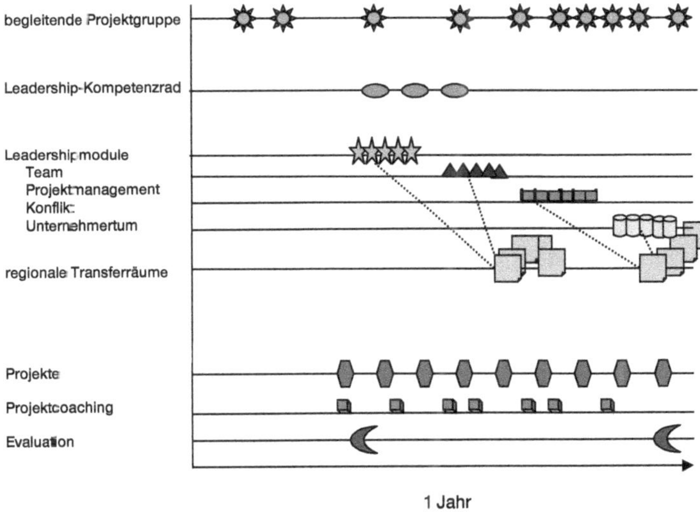

Abb. 18: Leadershipprogramm-Architektur

Konzerngroßveranstaltung vorgestellt und feierlich prämiiert. Das gesamte Programm wurde evaluiert und entwickelte in Verbindung mit anderen Architekturelementen eine enorme Schubkraft im Unternehmen.

4.3 Die Interventionsebene „Design“

4.3.1 Grundsätzliche Überlegungen

Unter Design verstehen wir die Gestaltung und Strukturierung eines bestimmten Prozessschrittes in der Beratung, eines einzelnen Architekturelementes. Üblicherweise spricht man von Programm, Ablauf oder Agenda. Allerdings unterscheidet sich ein professioneller Designprozess dadurch, dass mit großer Sorgfalt und auf der Basis von Reflexion und Hypothesen das Design auf sachlich-inhaltlicher, sozialer, zeitlicher, räumlicher und symbolischer Ebene ausgearbeitet wird.

Die Grenze zwischen Interventionsarchitektur und Interventionsdesign ist oft fließend. Kehren wir zum bildlichen Vergleich von Architektur und Design zurück: Eine Tür oder eine große Bücherwand, die zwei Räume trennt, haben architektonischen Charakter und sind gleichzeitig Einrichtungen.

Es gibt sehr komplexe Designs (wie etwa von zweitägigen Großveranstaltungen), einfachere (z. B. Halbtagsworkshops) und einfache (z. B. Abschlusssequenzen von ca. 15 Minuten).

Hinsichtlich der fünf Interventionsdimensionen von Designs haben wir auf der Basis unserer Projekterfahrungen einige „Faustregeln" ausgearbeitet. Diese Leitgedanken beziehen sich wieder auf die in Abbildung 13 aufgelisteten Ziele von Intervention.

4.3.1.1 Inhaltliche Dimension

- Die Auswahl der inhaltlichen Schwerpunkte ist Maßschneiderei und durch den Kontrakt und seine Ziele bestimmt. Bei den manifesten Zielen ist das noch relativ einfach, obwohl auch sie sich dynamisch verändern. Schwierig ist es bei den latenten Zielen, die oft in Widerspruch zu den manifesten stehen und daher nicht direkt zu erreichen sind. Hier ist die Wirkung analoger Intervention nicht hoch genug einzuschätzen.
- Erleben stellen wir vor theoretische Inputs. Diese sollen das entlastende Einordnen von Phänomenen und Gefühlen in Erklärungsmodelle erleichtern. Deshalb vermeiden wir langweilige Gruppenberichte und Präsentationen im Plenum. Wir verwenden, wenn möglich, interaktive Methoden der Informationsvermittlung, z. B. Interviews, Hearings, Collagen etc.
- Gerade bei heiklen Themen gilt: Es ist gut, sie anfangs auszusprechen, sie nicht zu tabuisieren, aber nicht gleich an das Durcharbeiten zu gehen, sondern zunächst sachliche Arbeit voranzustellen, bei der die Probleme dann ohnehin zutage treten und dann leichter aufgreifbar sind.
- Auch für die inhaltliche Arbeit sollte anfangs Orientierung geschaffen werden: Rollen, Zeitstruktur, Schwerpunkte, Methoden, etc. Auch am Ende sollte Klarheit darüber vorhanden sein, was die nächsten Schritte sind. Sie sollten in einem Aktivitätenplan festgehalten werden. Eine Abschlussreflexion mit Feedback ist ein fixes Designelement.

4.3.1.2 Zeitliche Dimension

- Weniger ist meist mehr. Vollgestopfte, überladene Designs verhindern Ruhe, Auszeit, Reflexion, Tiefgang. Wir verwenden oft zeitverzögernde Elemente wie Einzelarbeit, Spaziergänge, Meditation. Die andere Seite gibt es natürlich auch: ein zu wenig forderndes, zu langsames Programm. Doch dies ist eher der Ausnahmefall.
- Prozessorientiertes Arbeiten bedeutet, klare Stoßrichtungen zu halten, den Anfang genau zu planen (er ist besonders wichtig zur Normsetzung), den weiteren Verlauf aber nur als alternative Optionen zu definieren und je nach Situation, abgesichert durch die Staffarbeit, das Design anzupassen.
- Da wir ja nur Impulse setzen, die im KS verarbeitet werden (auch wenn wir nicht anwesend sind), sind für uns die Pausen „unstrukturierte“ Arbeitszeiten, da dort weiterdiskutiert und -reflektiert wird.
- Abendzeitblöcke erweisen sich meist als besonders effizient, wenn es um emotionale, heikle, auch persönliche Themen geht. Dabei hat sich die Arbeit in Kleingruppen bewährt.
- Von größter Bedeutung ist das richtige Timing. Eine gute Intervention, die zu früh kommt, mobilisiert Abwehr.

4.3.1.3 Soziale Dimension

- Fragen der Teilnehmerauswahl gehören zu den Architekturthemen. Daher nutzt ein Design die verschiedenen Arbeitsformen, die uns zur Verfügung stehen: das Plenum (alle Teilnehmer in einem Raum), Teilgruppen (4–10 Personen), Kleingruppen (3–4 Personen), Paargespräche und Einzelarbeit.
- Jede Interaktionsform hat ihre spezifische Wirkung, ihre Reichweite und ihre Merkmale. Sie optimal zu kombinieren, sie in eine energetisch stimmige Gesamtdramaturgie einzubetten ist die Kunst des Designens. Dabei sind die realen Entscheider (z. B. Geschäftsführer, Projektleiter) immer als relevante Elemente rollengemäß mit einzubeziehen. Alle Teilnehmer sollten außerdem so viel wie möglich selbst beitragen können, z. B. durch Präsentationen, Teilmoderationen, Vorbereitungen.
- Plenarveranstaltungen haben das größte Energiepotenzial in sich, sind aber auch mit dem größten Risiko verbunden. Daher spre-

chen wir vom „Feuer großer Gruppen", die ihre eigene Dynamik haben. In Großgruppen auch mit Kleingruppen zu arbeiten bricht das „Massenphänomen" (Königswieser 2000).

- Teilgruppen haben genügend Vielfalt, damit sie inhaltlich gut arbeiten können. In Kleingruppen bewährt sich darüber hinaus auch das Nutzen der Intimität einer Dreier- oder Viererkonstellation. Sie ermöglicht rasch Offenheit, Vertrautheit, Reduktion von Angst. Man fühlt sich als Person wahrgenommen. Individuelle Reflexions- und Vertiefungsschritte haben in dieser Arbeitsform eine besondere Qualität. Sie bringen Konzentration, Ruhe, Intensität.
- Paarkonstellationen, z. B. ein Spaziergang zu zweit, bieten Raum für persönliche Themen, die in einer größeren Öffentlichkeit keine Chance hätten, besprochen zu werden. Einzelarbeit unterstützt die Konzentration auf sich selbst, auf das Wesentliche. Wir nutzen sie sowohl für Vorbereitungen auf Gruppenarbeiten als auch zum Nachdenken nach einer öffentlich-kollektiven Arbeitssequenz.

4.3.1.4 Räumliche Dimension

- Nicht nur die Auswahl des Ortes als Element der Architektur ist wichtig, auch innerhalb der Designelemente spielt die räumliche Anordnung eine große Rolle. Das gilt für die Raumgestaltung (z. B. Stuhlkreis ohne Tische), für Sitzordnung (Kreis, Sitzreihen) und für sonstige Einrichtungsgegenstände (Pinnwände, Plakate, Bühne, Getränke im Raum oder draußen), für Aufstellungen im Raum oder für die Entscheidung, ob nur innerhalb eines Raumes gearbeitet wird, in mehreren Räumen oder auch im Freien.
- Bestimmte Interventionen wie z. B. das Reflecting Team oder Einzelinterviews in Anwesenheit aller leben in ihrer Wirksamkeit auch von der gekonnten Inszenierung im Raum und den damit verbundenen Bedingungen. Sind die Sicht, die Akustik schlecht, verliert sich die kollektive Energie rasch.

4.3.1.5 Symbolische Dimension

Die symbolische Dimension zieht sich durch alle anderen Dimensionen hindurch. In jedem Designelement verschafft sich die Symbolsprache Gehör. Wir wollen an dieser Stelle noch einige Beispiele anführen.

- Die Frage, wer Kickoffs, Veranstaltungen eröffnet, ist intuitiv meist leicht zu beantworten: der interne Projektleiter, Vorstand oder Verantwortliche. Das signalisiert Ownership und gibt der folgenden Arbeit mehr Bedeutung und Kraft.
- Wenn es in der Kerngruppe zum fixen Ritual gehört, mit einer so genannten Informationsrunde zu beginnen (Was war seit unserer letzten Sitzung im Kontext unserer Arbeit wichtig?), so wird damit ausgedrückt, dass Transparenz die Norm ist und Gesamtreflexion Querkommunikation voraussetzt.
- Wir legen großen Wert auf gestaltete Projektabschlüsse, Meilensteine, Feste. Sie sind ein starkes Symbol für Wertschätzung, Gemeinsamkeit und Identität.
- Großveranstaltungen sind besonders dicht an Symboliken, da sie in der Unternehmensöffentlichkeit stattfinden und daher sehr energetisch geladen sind. Was in diesem Rahmen zentrale Akteure tun oder nicht tun, hat eine besonders nachhaltige Wirkung. Als im „Chance"-Fall der Vorstandsvorsitzende nach zwei Jahren zugab, dass er selbst zu wenig Konsequenzen gezogen hatte und damit wenig zur Kulturveränderung beigetragen hätte, löste das eine Welle positiver Emotionen aus: „Man kann hier Fehler zugeben!"
- Einmal überreichte ein verärgerter Vorstand in einer Führungskräfteveranstaltung seinem Personalchef als Zeichen seiner massiven Kritik eine Zitrone. Diese symbolische Geste hätte in ihrer Wirkung nicht durch noch so viele Worte ersetzt werden können. Als spontanes Designelement haben wir dann die Steuergruppe auf die Bühne gebeten und öffentlich reflektiert. Das brachte Beruhigung in die aufgebrachte Menge. Die symbolische Botschaft dieser Aktion war: Diese Gruppe schafft es, verfahrene Dinge aufzufangen, sie zu entdramatisieren.

Aus unserer Erfahrung mit Designplanungsprozessen hat sich eine einfache Struktur entwickelt, nach der wir vorgehen. Sie entspricht der systemischen Schleife (s. Abb. 9).

1. Schritt: Informationen sammeln und Hypothesen bilden. Wovon gehen wir aus?
2. Schritt: Stoßrichtung festlegen. Wohin wollen wir zielen?
3. Schritt: Sammeln möglicher Module, Ideen generieren. Welche Designelemente kommen infrage?
4. Schritt: Planungsprozess/Grobdesign. Wie sollen der Spannungsbogen, die Dramaturgie aufgebaut sein?
5. Schritt: Feindesign der ersten Phase (Optionen für die folgenden Zeiteinheiten). Wer macht was? Wann? Wie viel Zeit ist dafür vorzusehen?

Abb. 19: Designprozessschritte

4.3.2 Anwendungsbeispiele aus dem Beratungsprojekt „Chance“

Wir erinnern nochmals an die beispielhaft erwähnten Designelemente unserer Anfangsgeschichte.

- Teamentwicklung
- Kickoff von Projekten
- Visionsarbeit
- die Sketches
- die Konfliktanalysen in der Kerngruppe oder im Vorstandscoaching
- qualitative Projektinterviews („lernen statt Schuld zuschreiben“)
- Projektumfeldanalyse/Machtanalysen
- interaktive, erlebnisorientierte Designelemente in den Großveranstaltungen
- Feedbackprozesse in Planungsworkshops
- Aushandeln von Erwartungen
- Gruppeninterviews
- Tandems
- Arbeit an Werten
- Gruppenarbeiten
- und immer wieder das Verwenden der systemischen Schleife

4.3.3 Designbeispiele

Die im folgenden Abschnitt angeführten Beispiele von Interventionsdesigns stellen nur eine kleine Auswahl dar. Wir haben vor allem jene Designs ausgewählt, die noch nicht bzw. nicht in dieser Form publiziert wurden und die im „Chance“-Projekt eine wichtige Rolle gespielt haben.

4.3.3.1 Minilab – systemisch

Zielsetzung:	Aufbau von Vertrauen in der Gruppe; besseres, schnelleres Kennenlernen; in kurzer Zeit gemeinsame Identitäts-, Teamentwicklung		
Teilnehmerzahl:	3–100 Personen, es sind auch viele Kleingruppen (3–4 Personen) in einem Raum möglich.	*Zeitrahmen:*	1 bis 1,5 Stunden
Wirkungsweise:	Durch die Intimität der Kleingruppe, die Art der Fragen und die knappe Zeittaktung werden rasch Nähe, Tiefe und Vertrauen hergestellt. Es entsteht ein respektvolles Klima im Raum, weil über Persönliches, über Schwächen und Probleme gesprochen, gleichzeitig aber Reflexion eingeführt wird. Die extrem knappe Zeit, die für jede Frage zur Verfügung steht, unterstützt das Sprechen „zum Punkt“ und führt zur Kernaussagen.		
Kommentar:	Das in der Kleingruppe entstehende Vertrauen überträgt sich meist auch auf die größere Gruppe. Daher ist dieses Designelement auch für Großveranstaltungen verwendbar. Die zeitliche Taktung sollte strikt eingehalten werden und bedarf bei der Ansage jeweils einer Erläuterung.		
weitere Anwendungsfelder	Kickoff von Projekten, Kennenlernübung	*Design:*	T. Lindner/gruppendynamische Tradition; von Königswieser & Network weiterentwickelt
Schritt 1:	Die Kleingruppen setzen sich in einem Raum verteilt eng in Stuhlkreisen zusammen und übernehmen selbst die Verantwortung für die Verteilung der Redezeit innerhalb der jeweiligen Gruppe.		

Schritt 2:	Abfolge von Fragen und Antworten, die in der Kleingruppe ausgetauscht werden: • Wie habe ich unsere Gruppenfindung erlebt? • Was würde ein guter Freund über mich sagen? • Was würde ein Kritiker über mich sagen? • Mein erster Tag im Unternehmen: Was war dabei typisch? • Was sind meine Sehnsüchte? Verborgene Wünsche? Ängste? • Wie offen war das bisherige Gespräch? (Jeder schreibt eine Zahl zwischen 1 % und 100 % auf einen Zettel). Diskussion.	 5' 5' 5' 10' 10' 5'
Schritt 3:	Die Offenheitsdurchschnittszahlen aller Gruppen werden im Plenum veröffentlicht (Flipchart). Gegebenenfalls Kurzinput über das „Johari-Fenster", über Feedback.	10'
Schritt 4:	Fortsetzung der Fragen und Antworten in den Gruppen: • Wie war dein erster Eindruck von mir? (Jeder hat die Chance zwei Gruppenmitglieder auszuwählen, die er um Feedback bittet.) • Wer hat bisher den größten Einfluss in der Gruppe? Jeder vergibt drei Einflusspunkte an die anderen. Diskussion: Was erwarten wir voneinander, von einer guten Zusammenarbeit? • Welchen Namen wollen wir uns geben? Was passt zu uns?	 15' 10' 10'
Schritt 5:	Wie war diese Übung (kurzer Austausch im Plenum)?	10'

4.3.3.2 Kickoff von Projekten

Zielsetzung:	Verstehen des Auftrags, Planung des Projekts, Herstellen der Arbeitsfähigkeit des Teams, inhaltliche und soziale Konstituierung der Gruppe		
Teilnehmerzahl:	3–20 Personen	*Zeitrahmen:*	2 Stunden bis 1 Tag
Wirkungsweise:	Die Abfolge der Schritte schafft Orientierung auf fünf Ebenen. Inhaltlich: Was ist unsere Aufgabe? Wann sind wir erfolgreich? Zeitlich: Wann wollen wir welche Ziele, Meilensteine erreichen?		

	Sozial: Was ist unsere Identität als Team? Wer hat welche Verantwortung? Was erwarten wir voneinander? Räumlich: Wo treffen wir einander? Symbolisch: Name? Logo? Bild?		
Kommentar:	Je nach Kontext und Zeitbudget können die einzelnen Schritte verkürzt oder verlängert werden.		
weitere Anwendungsfelder	Kickoff von Arbeitsgruppen, -einheiten	*Design:*	Königswieser & Network (weiterentwickelte OE-Tradition)
Schritt 1:	Begrüßung durch den Projektleiter, Ziel, Agenda, Organisation	10’	
Schritt 2:	Warm-up: Was ist mein Bezug zum Thema?	10’–30’	
Schritt 3:	Auftraggeber präzisiert den Auftrag, erläutert den dahinter liegenden Sinn, begründet die Auswahl der Mitglieder.	15’	
Schritt 4:	Erstellen einer Projektumfeldanalyse bzw. einer Machtanalyse, Hypothesenbildung, Chancen, Stolpersteine.	60’–120’	
Schritt 5:	Teamentwicklungsübung, z. B. „Minilab“ oder Outdoorübung	60’–120’	
Schritt 6:	Planung: Definition der Arbeitspakete, Meilensteine, Zeit -und Ressourcenplanung, Klärung der Erwartungen	30’–60’	
Schritt 7:	offene Fragen und Planung weiterer Aktivitäten (Was? Wer? Bis wann?)	20’–30’	

4.3.3.3 Machtanalyse

Zielsetzung:	Die Machtdynamik und Vernetzung des Projektumfeldes soll frühzeitig sichtbar gemacht werden. Konfliktpotenziale, aber auch Möglichkeiten der Zusammenarbeit sollen frühzeitig erkannt, konkrete Aktionspläne erstellt werden.		
Teilnehmerzahl:	6–10 Personen	*Zeitrahmen:*	2 bis 4 Stunden
Wirkungsweise:	Diese Intervention hilft besonders am Beginn oder bei Meilensteinen von Projekten, sich die Einflüsse relevanter Umwelten bewusst zu machen. Das zeigt oft überraschende, völlig neue Perspektiven auf, die dann in die weitere Arbeit als Hypothesen einfließen und damit dieser eine neue Qualität verleihen. Darüber hinaus		

<table>
<tr><td></td><td colspan="3">ist die Machtanalyse in akuten Krisensituationen und zum Abschluss von Projekten wirkungsvoll einzusetzen, wenn die Implementierung geplant wird.</td></tr>
<tr><td>Kommentar:</td><td colspan="3">Hier geht es darum, die Aufmerksamkeit auf das oft tabuisierte Machtgefüge zu lenken. Diese Analyse des Beziehungsgeflechts ist immer heikel, aber wirkungsvoll.</td></tr>
<tr><td>weitere Anwendungsfelder:</td><td>alle Kontexte, in denen machpolitische Überlegungen eine Rolle spielen.</td><td>Design:</td><td>Königswieser & Network</td></tr>
<tr><td>Schritt 1:</td><td colspan="3">Die Teilnehmer erarbeiten gemeinsam eine grafische Darstellung relevanter Projektumwelten und ihrer Einflüsse auf das Projekt. Fragestellungen: Wer beeinflusst den Erfolg bzw. Misserfolg des Projekts? Wie stark ist der Einfluss (unterschiedlich große Kreise)? Wie groß ist die Nähe/Distanz zum Projekt (unterschiedliche Entfernungen)? Wie sind die Beziehungsdynamiken (Symbole)?
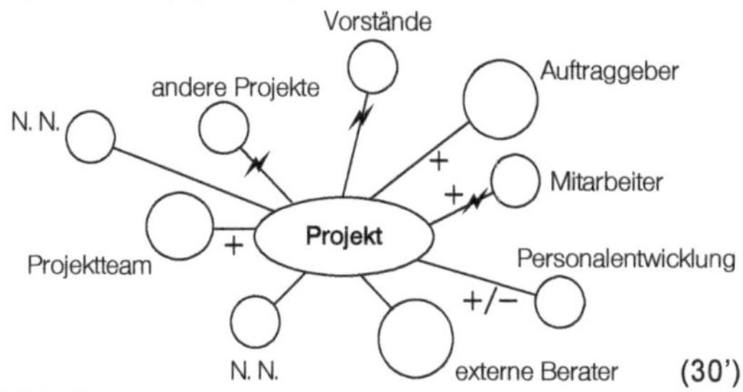

(30')</td></tr>
<tr><td>Schritt 2:</td><td colspan="3">Die Teilnehmer bilden Hypothesen zur Situation und diskutieren anhand der Grafik die Einflussnahmen und unterschiedlichen Erwartungen der diversen Umwelten an das Projekt. Sie versetzen sich in deren Rollen und betrachten das Projekt aus der jeweiligen Sicht. Das Erkennen von Widersprüchen ermöglicht es, Konfliktpotenziale aufzuspüren und entsprechend zu handeln. (30')</td></tr>
<tr><td>Schritt 3:</td><td colspan="3">Die Teilnehmer erarbeiten nun für jede relevante Umwelt eine spezifische Strategie, die in einem konkreten Aktionsplan mündet. (Wer? Was? Bis wann?) (20')</td></tr>
</table>

4.3.3.4 Durchschreiten der Zeiträume

Zielsetzung:	Bearbeiten von unaufgearbeiteten Themen, alten Konflikten („Aufräumen"); sich der aktuellen Themen bewusst werden, um für die Gestaltung einer gemeinsamen positiven Zukunft offen zu sein		
Teilnehmerzahl:	3–10 Personen	*Zeitrahmen:*	0,5–1 Tag
räumliche Erfordernisse:	3 abgegrenzte Bereiche im Raum, symbolisch als Vergangenheit, Gegenwart und Zukunft markiert		
Wirkungsweise:	Das körperlich-sinnliche Durchschreiten der (Zeit-) Räume, das kurze Zurückschauen (Vergangenheit), ausführliche Hinschauen (Gegenwart) und positive Vorausschauen (Zukunft) ermöglichen die Integration von Reflexion und Gefühlen. Der Wechsel von Gesprächen in der Gruppe und in Paaren verbindet Intimität und Gruppenöffentlichkeit. Ohne dass alte Wunden geheilt werden, ist keine Energie für Zukunftsbilder vorhanden.		
Kommentar:	Dieses Design ist besonders für Teams geeignet, die eine lange, unaufgearbeitete Konfliktgeschichte haben und dennoch eine gemeinsame Aufgabe bewältigen und Zukunft gestalten sollen.		
weitere Anwendungsfelder:	Standortanalyse Teamentwicklung	*Design:*	R. Königswieser, A. Doujak
Schritt 1:	Nach einem Warm-up und der Ansage gibt es Einzelarbeit: Was war in der Vergangenheit für mich positiv, wo fühlte ich mich verletzt?	10'	
Schritt 2:	Die Gruppe stellt sich an die untere „Vergangenheitsmarkierung". Jeder Einzelne durchschreitet – nacheinander – den Vergangenheitsraum und erläutert beim Gehen, wo er stockt, Energie hat, Rückenwind spürt, wo es Hürden gibt, was er hinter sich lassen kann und was noch unerledigt wirkt.	30'	
Schritt 3:	Spaziergang zu zweit. Thema „Konfliktgespräch": Was ich dir schon lange sagen wollte ... Wo sehe ich meine Anteile?	30'	
Schritt 4:	Alle positionieren sich dann im Gegenwartsraum. Die Mitte symbolisiert volle Zufriedenheit, die Randpositionen Distanz, Unzufriedenheit. Jeder erklärt seine Position und nennt die für ihn noch immer offenen Themen.	30'	

Schritt 5:	Die Gruppe definiert die aktuelle Gesamtsituation, bildet Hypothesen und überlegt, was typische Muster in ihrer Zusammenarbeit sind. Sie entwirft erste Lösungsansätze.	120'
Schritt 6:	Die für alle wichtigsten Aktivitäten werden priorisiert.	30'
Schritt 7:	Die Gruppe sitzt jetzt im Zukunftsraum im Kreis mit einem positiven Symbol (z. B. Blumenstrauß) in der Mitte. Aufgabenstellung: Wir nehmen an, es sind alle unsere Wünsche in Erfüllung gegangen. Wir erzählen einander, wie wunderbar alles läuft (möglichst konkret).	30'
Schritt 8:	Reflecting Team: Die externen Berater kommentieren die Situation, den gesamten Prozess des Durchschreitens der Zeiträume.	5'

4.3.3.5 Das „Tandem"

Zielsetzung:	In kurzer Zeit sollen (latente) Themen reflektiert und aufbereitet, Bewusstsein erweitert und Lösungen gefunden werden.			
Teilnehmerzahl:	*6–18 Personen*	*Zeitrahmen:*	1–1,5 Stunden	
Wirkungsweise:	Auch diesem Design liegt das Schleifenmodell zugrunde. Das Feedback und die Reflexionsarbeit der jeweils anderen Untergruppe, die außen herum sitzt und zuhört, erzeugen mehr Verständnis und Bewusstheit, als wenn die in getrennten Räumen entwickelten Gruppenergebnisse präsentiert würden. Latenzen sind auf diese Weise leichter ins Bewusstsein zu heben.			
Kommentar:	Die beiden Untergruppen arbeiten alleine und doch gemeinsam; simultan und doch sequenziell. (Die Gruppen können mit oder ohne Moderation arbeiten.) Sie sitzen in zwei Kreisen. Die äußere beobachtet die Innengruppe und gibt danach Feedback. Es wird kein Kommentar zum Feedback eingeholt. Es soll wirken.			
weitere Anwendungsfelder:	Aufspüren latenter Themen	*Design:*	Königswieser & Network	
Schritt 1:	Einteilung in Gruppen von jeweils 3 bis 9 Personen			10'

Schritt 2:	Gruppe 1 sitzt im Innenkreis, darum herum die andere Gruppe. Die Innengruppe bespricht das Thema, das Problem, bildet Assoziationsketten und Hypothesen, reflektiert.	30'
Schritt 3:	Gruppe 2 sitzt nun im Innenkreis und tauscht die Resonanzen auf die erste Runde aus. Sie setzt, darauf aufbauend, ihre eigene Reflexion fort. (Diesmal beobachtet die andere Gruppe.)	20'
Schritt 4:	Die zwei externen Berater als Reflecting Team resümieren und stellen ihrerseits wiederum ihre Resonanzen im Hinblick auf den gesamten Interaktionsprozess zur Verfügung.	5'

4.3.3.6 Die Projektlandschaft

Zielsetzung:	Analyse des Zustandes und Prozesses eines Projekts und der daraus gezogenen positiven und negativen Erfahrungen; Lernen durch Reflexion und aus Fehlern		
Teilnehmerzahl:	3–30 Personen	*Zeitrahmen:*	3–4 Stunden
Wirkungsweise:	Hier geht es darum, sich bezüglich der Beurteilung des Verlaufs (Zustandes) eines Projekts einen Überblick zu verschaffen, und es geht um die Analyse der Erfahrungen (Erkennen der Muster) und um das Lernen aus Fehlern.		
Kommentar:	Die Arbeit in Untergruppen ermöglicht durch offene Gespräche eine Entlastung einzelner „schuldiger" Personen.		
weitere Anwendungsfelder:	Identitätsarbeit, Teambildung	*Design:*	Königswieser & Network

Schritt 1:	Die Gruppe wird in Untergruppen aufgeteilt. Kriterium der Zusammensetzung ist eine (vermutete) ähnliche Sichtweise. Nun werden die zentralen Ereignisse der Vergangenheit ausgetauscht und gemäß ihrer positiven bzw. negativen Beurteilungen in ein Landschaftsbild übersetzt und gezeichnet (Berge, Schluchten, Seen, Wälder und Wiesen etc.).	40' bis 60'
Schritt 2:	Jede Gruppe präsentiert ihre Landschaft. Die Bilder werden miteinander verglichen und diskutiert.	40'

Schritt 3:	Die Gruppe wird neuerlich in Untergruppen geteilt, und zwar diesmal mit Personen unterschiedlicher Sichtweisen. Fragen: Welche positiven bzw. negativen Muster sind in den Bildern zu erkennen? Was können wir daraus für die nächste Projektphase lernen?	30' bis 60'
Schritt 4:	Austausch der Ergebnisse. Es wird über Konsequenzen entschieden und Aktivitätenpläne werden vereinbart (Wer? Was? Bis wann?).	60'

4.3.3.7 I have a dream

Zielsetzung:	Generieren positiver Zukunftsbilder, Aktivieren positiver Energien, Stärkung des Selbstbewusstseins		
Teilnehmerzahl:	3–10 Personen	*Zeitrahmen:*	1,5–2 Stunden
Wirkungsweise:	Die eigenen Träume in kühnen Gedanken auszumalen beflügelt, energetisiert. Die Gedanken kollektiv zu teilen stellt auf einer tieferen Ebene Zuversicht und Vertrauen in die Gemeinschaft und in die Zukunft her.		
Kommentar:	Durch die Vorbereitung auf die zu haltende Rede, in der eine positive Zukunft des Unternehmens entworfen wird, werden auch implizit Maßnahmen beschrieben, die zur Verwirklichung führen können. So entsteht eine kollektive Vorstellung davon, wie der Weg zu schaffen wäre. Bei mehr als 10 Personen sollten Untergruppen gebildet werden.		
weitere Anwendungsfelder:	in beliebigen Kontexten einsetzbar, z. B. bei Identitätsarbeit, Teamvision etc.	*Design:*	Königswieser & Network

Schritt 1:	Einzelarbeit: Bereiten Sie eine Rede vor. Stellen Sie sich vor, wie das Unternehmen (Abteilung etc.) in fünf Jahren sein wird, wenn alle Ihre Wunschträume in Erfüllung gehen (z. B. Marktposition, Kundenbeziehungen, Mitarbeiter, Kollegen, Kultur, Image, Finanzen etc.). Warum sind Sie dann stolz darauf, hier zu arbeiten? Welche Rolle spielen Sie dabei?	25'
Schritt 2:	Vortragen der Reden (je 5 Minuten).	30'–45'

Schritt 3:	Zusammenfassung: Was sind die roten Fäden, Gemeinsamkeiten? Welches Zukunftsbild ergibt sich daraus?	30’–45’

4.3.3.8 Der „Wertediamant“ (Workshop)

<table>
<tr><td>Zielsetzung:</td><td colspan="3">Die tatsächlich gelebten Werte sollen bewusst gemacht werden. Gemeinsame, für alle verbindlich lebbare Werte sollen erarbeitet werden.</td></tr>
<tr><td>Teilnehmerzahl:</td><td>5–30 Personen</td><td>Zeitrahmen:</td><td>0,5–1 Tag</td></tr>
<tr><td>Wirkungsweise:</td><td colspan="3">In Veränderungsprozessen taucht generell früher oder später der Themenkomplex „Werte“, verinnerlichte Weltbilder und nicht einfach zu ändernde Lebenshaltungen auf. Diese Intervention ermöglicht vor allem durch die Betonung der Gemeinsamkeiten eine Annäherung an die schwierige Materie.</td></tr>
<tr><td>Kommentar:</td><td colspan="3">Hier geht es um die gemeinsame Auseinandersetzung mit Werten und Haltungen, die für die Entwicklung (Lernprozess) des Unternehmens förderlich sein könnten. Das gilt besonders für das Topmanagement, weil seine Mitglieder Vorbilder sein sollten.</td></tr>
<tr><td>weitere Anwendungsfelder:</td><td>Teamentwicklung, Kulturanalyse</td><td>Design:</td><td>Königswieser & Network</td></tr>
<tr><td>Schritt 1:</td><td colspan="2">Input zum Thema Werte (Haltungen, Weltbilder, Einstellungen) im Unterschied zu Normen und Gewohnheiten; Input zu „Fragetechnik“</td><td>20’</td></tr>
<tr><td>Schritt 2:</td><td colspan="2">Die Teilnehmer halten in Einzelarbeit ihre Überlegungen zu folgenden Fragen fest: Welche Rolle spielen meine Werte im Umgang mit Mitarbeitern? Wer ist für mich hinsichtlich der von mir geschätzten Werte ein Vorbild? Negativität?</td><td>10’</td></tr>
<tr><td>Schritt 3:</td><td colspan="2">Es werden Dreiergruppen gebildet (Kriterium ist das Interesse aneinander).</td><td></td></tr>
<tr><td>Schritt 4:</td><td colspan="2">Die Teilnehmer interviewen einander (abwechselnd in der Rolle des Interviewers, Interviewten, Beobachters) zum Thema „Werte“ und visualisieren dann die Gemeinsamkeiten (rote Fäden).</td><td>je 15’</td></tr>
<tr><td>Schritt 5:</td><td colspan="2">Die Kleingruppen präsentieren die herausgefilterten gemeinsamen Werte im Plenum.</td><td>je 15’</td></tr>
<tr><td>Schritt 6:</td><td colspan="2">Diskussion im Plenum</td><td>45’</td></tr>
</table>

Schritt 7:	Die Dreiergruppen entsenden jeweils einen Delegierten in eine Delegiertenrunde. Diese filtert 5 bis 8 zentrale Werte heraus, auf deren Basis künftig Entscheidungen getroffen werden sollen.	30'
Schritt 8:	Die Delegiertenrunde entwirft den „Wertediamanten", z. B.: 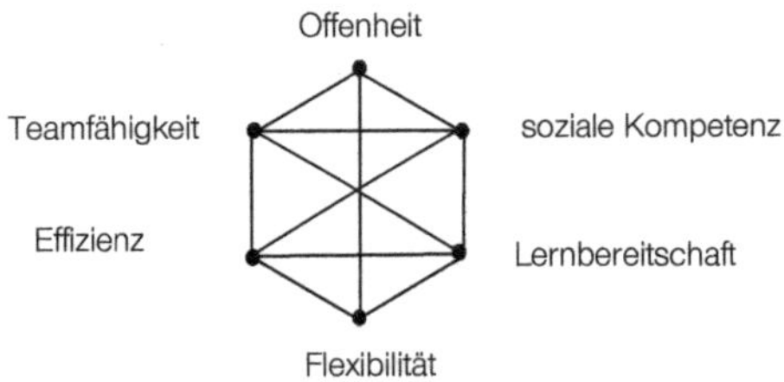	20'
Schritt 9:	Analoge Umsetzung. Die Teilnehmer bilden neu zusammengesetzte Kleingruppen und erarbeiten Sketches, die den Unterschied zwischen Ist- und Soll-Zustand bezüglich der gelebten Werte verdeutlichen.	je 5'
Schritt 10:	Präsentation, Diskussion und Reflexion im Raum	20'–90'
Schritt 11:	Die Teilnehmer geben einander Feedback in den ursprünglichen Kleingruppen: Wie erlebe ich den anderen im Hinblick auf den herausgearbeiteten „Wertediamanten"?	60'
Schritt 12:	Zum Abschluss werden Entscheidungen über das weitere Vorgehen getroffen (z. B. Umstrukturierung wichtiger Sitzungen, Jobrotation etc.).	30'

4.3.3.9 Markt der Erwartungen – Verbesserung der Führungsqualität

Zielsetzung:	Klärung der wechselseitigen Erwartungen der Subsysteme (Bereiche/Schlüsselpersonen) voneinander; Verbesserung der Führungsqualität, Ermöglichung erfolgreicher Kooperation, Abbau von Konfliktpotenzialen		
Teilnehmerzahl:	3–30 Personen	*Zeitrahmen:*	2–6 Stunden
Wirkungsweise:	Diese Intervention ist deshalb hilfreich, weil sie nicht von einem psychologischen Führungsverständnis aus-		

	geht (die Führungskraft ist gut oder schlecht), sondern von der Annahme, dass die Qualität der Führung vom Kontext der Strukturen und der Qualität der Beziehungen (Klarheit der Erwartungen) abhängt. Durch das öffentliche Aushandeln der Erwartungen der Führung wird die Verbindlichkeit der Abmachungen sprunghaft erhöht. Es ist daher dringend zu empfehlen, ein Protokoll zu führen.		
Kommentar:	Je klarer die wechselseitigen Erwartungen sind, desto erfolgreicher können Führungskräfte und Mitarbeiter sein. Häufig entdeckt man, dass man strukturelle Voraussetzungen schaffen muss, um die Zusammenarbeit nachhaltig zu verbessern. Hier geht es nicht um Allgemeinplätze, sondern um möglichst konkrete Abmachungen.		
weitere Anwendungsfelder:	Führungsarbeit, Standortklausuren	*Design:*	Königswieser & Network
Schritt 1:	Einleitung durch die Führungskraft. Einrichtung der Sitzordnung: Die Mitglieder der jeweiligen Gruppen (Bereiche, Teams) sitzen an Tischen beisammen, hinter ihnen steht jeweils eine Pinnwand.	5’	
Schritt 2:	Jede Gruppe schreibt ihre Erwartungen an alle anderen Gruppen (Personen) auf je ein Kärtchen, das dann an die Pinnwand gesteckt wird. Mögliche Fragestellungen: Was sollen die anderen weitermachen wie bisher (positives Feedback)? Was sollen die anderen anders machen als bisher (Kritik)? Was sollen die anderen zusätzlich machen (Wünsche)? Was bieten wir im Gegenzug an (Angebote)?	60’	
Schritt 3:	Jede Gruppe bekommt nun die Gelegenheit, jeweils allen anderen Gruppen (Personen, Bereichen, Teams) der Reihe nach zu erklären, wie die Kärtchen zu verstehen sind. Die wechselseitigen Erwartungen werden jeweils diskutiert, verhandelt, und die Abmachungen schließlich schriftlich festgehalten.	60’–180’	

4.3.3.10 Standortklausur/Hearing mit der Leitung

Zielsetzung:	Orientierung, Transparenz, Aufbau von Vertrauen zur Leitung, Klärung der Erwartungen, Zukunftsgestaltung			
Teilnehmerzahl:	20–100 Personen	*Zeitrahmen:*	1–3 Stunden	
Wirkungsweise:	Diese Intervention hilft den Mitarbeitern, wichtige Fragen direkt anzusprechen. Die Leitung muss die Fragen, Ideen und Erwartungen an sie anerkennen und so offen wie möglich darauf eingehen. Aufgrund der natürlichen Gesprächssituation, die Nähe zwischen Leitung und Mitarbeitern herstellt, reduziert sich Aggressionspotenzial, fällt Verstehen leichter.			
Kommentar:	Die Leitung (1–2 Personen) muss vorweg dahin gehend gebrieft werden, nicht defensiv zu reagieren. Die Mitarbeiter sollten viele Fragen vorbereiten, denn die meisten werden erfahrungsgemäß schon in den ersten Hearingrunden beantwortet. Die Wirkung beruht nicht zuletzt darauf, dass das Hearing öffentlich stattfindet.			
weitere Anwendungsfelder:	Großveranstaltungen, Krisensituationen	*Design:*	Königswieser & Network	
Schritt 1:	Begrüßung durch den Veranstalter; Einführung durch den Moderator und Miniinput zum Ablauf der Klausur			5'
Schritt 2:	Gruppenbildung (3–8 Personen), Gruppenarbeit (alle bleiben im Raum), Sammeln der Fragen an die Leitung in Kleingruppen (pro konkrete Frage eine Karte schreiben)			15'
Schritt 3:	Die Leitung geht nun von Gruppe zu Gruppe (je 10 Minuten), setzt sich in den Kreis dazu und stellt sich den Fragen. Alle anderen hören zu. Anschließend kurze Resonanz der Leitung hinsichtlich des gesamten Hearings.			30' bis 60'
Schritt 4:	Schwerpunkt ist nun „der bevorstehende Zeitraum“: In Interessengruppen werden zentrale Themen bearbeitet. Dabei geht es um das Bewahren von Bewährtem und um Veränderungen. Was benötigen wir dabei von der Leitung? Das Erarbeitete wird anschließend im Plenum präsentiert, entschieden und vereinbart.			30' bis 60'

Schritt 5:	Den Abschluss bildet ein Kontinuum. Fragestellung: Wie schätze ich (von 1 % bis 100 %) die Umsetzungswahrscheinlichkeit für unsere Entscheidung ein? Blitzlichter, Abschluss.	15'

4.3.3.11 Was ich an Ihnen schätze/Positives Feedback

Zielsetzung:	Vertrauen erhöhen, Beziehung verbessern, Kultur der Wertschätzung stärken		
Teilnehmerzahl:	4–100 Personen	*Zeitrahmen:*	0,5–1 Stunde
Wirkungsweise:	Positives Feedback schafft Vertrauen und verbessert Kommunikation, bringt Bewegung in rigide Muster.		
Kommentar:	Es wird zu selten positives Feedback gegeben, zu häufig nur kritisiert. Die Moderation muss auf pünktliches Einhalten der Zeiten achten, auf gleichzeitigen Partnerwechsel, sonst entsteht ein Wirrwarr, und die Wirkung dieser Intervention geht verloren.		
weitere Anwendungsfelder:	Vorbereitung für kritische Auseinandersetzungen	*Design:*	Königswieser & Network
Schritt 1:	Es bilden sich simultan Paare – im Raum verteilt –, die jeweiligen Paarmitglieder haben insgesamt 6 Minuten Zeit, einander zu sagen, was sie jeweils schätzen, bewundern. Kritik ist nicht erlaubt!		20' bis 30'
Schritt 2:	Gesprächspartner wechseln. Es finden weitere positive Feedbackgespräche statt. (Kann öfter wiederholt werden.)		Je 6'
Schritt 3:	Kurzer Austausch im Plenum: Wie waren die Gespräche für mich? (Nur Stimmungsbilder.)		10'

4.4 Interventionsebene: „Werkzeuge und Techniken"

4.4.1 Grundsätzliche Überlegungen

Als Berater muss man sich der Tatsache immer bewusst sein, dass durch die Etablierung des BKS jede Beraterhandlung als Intervention interpretiert wird, selbst wenn sie gar nicht als solche beabsichtigt ist. Das gilt auch für jede Äußerung, Ansage, Bemerkung oder Frage. Dabei spielt natürlich die Einbettung der jeweiligen Intervention in den Gesamtkontext eine zentrale Rolle.

4.4.2 Der Interventionsbaum

Wir haben immer wieder betont, wie sehr es auf die Rahmenbedingungen und die Haltung ankommt, ob und wie ein Instrument verwendet wird, damit die gewünschte Wirkung erzielt wird. Wir gebrauchen in diesem Zusammenhang auch das Bild eines Baumes. Damit soll veran-

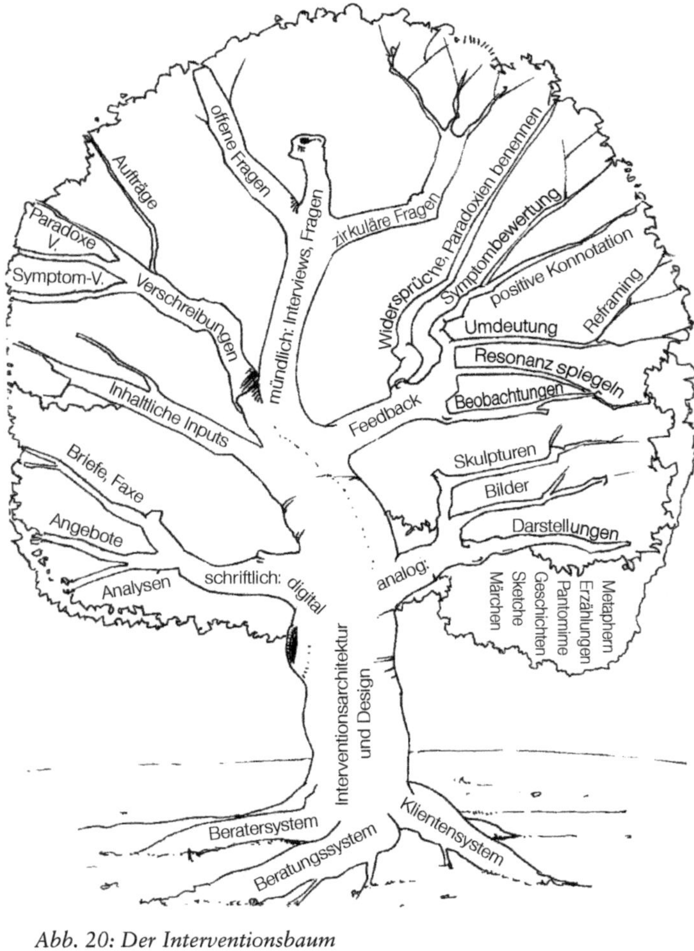

Abb. 20: Der Interventionsbaum

schaulicht werden, dass die Beziehung zwischen Klienten und Berater (BKS) so wichtig ist wie die Wurzeln eines Baumes. Sie sind zwar nicht zu sehen, sie liefern aber die Kraft und Energie. Der Gesamtrahmen, die Architektur und das Design sind mit dem Stamm vergleichbar. Auf dieser Basis erst können sich die verschiedenen Werkzeuge und Techniken wie die Blätter und Früchte in der Krone kraftvoll entwickeln.

Wir unterscheiden zwei Hauptäste: die „digitalen" und die „analogen" Interventionsformen.[11]

Digitale Interventionen kann man wieder in schriftliche und mündliche unterteilen. Zu den schriftlichen gehören Angebote, Folien, Briefe, Faxe, Flipchartprotokolle etc. Zu den mündlichen zählen Ansagen, Aufforderungen, Fragen, Anleitungen, Hinweise usw.

Nun gibt es Werkzeuge und Interventionsformen, die dem systemischen Ansatz in besonderer Weise zuzurechnen sind. Viele davon kommen aus der Tradition der systemischen Familientherapie. Es ist nicht nur wichtig, sie zu kennen, sondern sie auch gebrauchen zu können. Es lohnt sich daher, eigene Erfahrungen schriftlich festzuhalten und so im Laufe der Zeit den eigenen Werkzeugkoffer, die eigene „Schatzkiste" zu füllen.

Neben der Vielfalt an schriftlichen und mündlichen Techniken gibt es ein spezifisch *systemisches Instrumentarium*: Reflecting Team, positive Konnotation, das Gute im Schlechten – das Schlechte im Guten, Reframing – Umdeutung, paradoxe Intervention, offene und zirkuläre Fragen, Splitting.

Die Hauptfunktion dieser Interventionswerkzeuge besteht, wie schon gesagt, wieder darin, eingefahrene Denkmuster, rigide Schleifen zu durchbrechen, neue Sichtweisen zu ermöglichen und durch Feedbacks die Entwicklung neuer Handlungsoptionen zu fördern. Es fällt oft schwer, die genannten Interventionen klar voneinander abzugrenzen. Sie sind kombinierbar und ergänzen einander. Sie haben aber alle dieselbe Kernfunktion: neue Perspektiven aufzuzeigen, eine „neue Wirklichkeit" konstruieren zu helfen, ohne dabei einen blockierenden Veränderungsdruck auszuüben.

All diese Interventionen haben auch etwas Gefährliches, Riskantes an sich, sie sind immer eine Art Gratwanderung. Allerdings liegt genau hier ihr Veränderungspotenzial, ihre ungewöhnliche Tiefenwirkung. Dieser Zugang ist an sich nicht neu, denn schon die alten Weisheiten

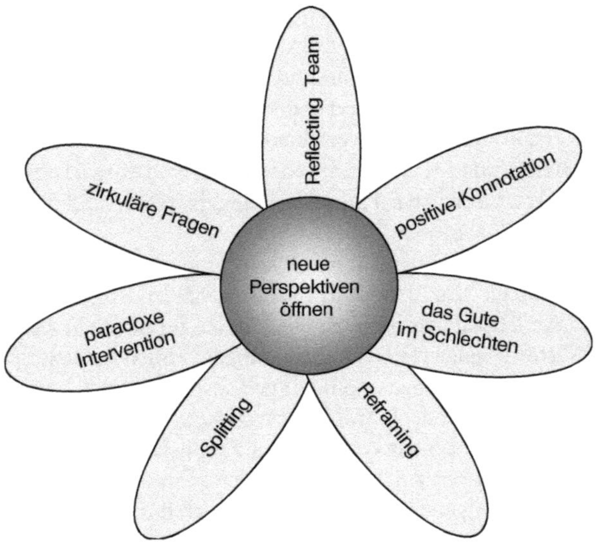

Abb. 21: Spezifisch systemische Werkzeuge

der Zen-Geschichten sind voll von Paradoxien, Umdeutungen, Rekonstruktionen. Sie werden deshalb als „weise“ bezeichnet, weil sie die Paradoxien und Widersprüchlichkeiten des Lebens widerspiegeln und Problemlösungen transportieren, die ein Gegenkonzept zu „Etwas erzwingen wollen“ darstellen.

Dass Veränderungen im Kopf, bei unserer Wahrnehmung und unseren Ansichten beginnen, ist auch im Alltagsbewusstsein vorhanden: „Der Glaube kann Berge versetzen.“ Von einer festgefahrenen Überzeugung loszulassen, nicht unbedingt Veränderungen erzwingen zu wollen nimmt Druck, Verkrampfung und Angst weg. Schwierige Situationen zu akzeptieren, ja sie sogar in die gerade nicht erwartete Richtung „paradox“ zu verstärken kann neue Gedanken auslösen und Veränderungsenergie freisetzen.

Wenn von Beratern z. B. das Signal kommt, dass ein als problematisch definiertes Verhalten positiv zu bewerten ist, der Berater also keine Veränderungsnotwendigkeit sieht, ja Veränderungen sogar als unerwünscht bezeichnet, dann beginnt sich paradoxerweise im KS der Wunsch nach Veränderung eher zu regen, als wenn Druck ausgeübt wird.

Letztlich geht es um Deeskalation, um Entdramatisierung und Betonung der bisher weniger wahrgenommenen Seiten. Andere Sichtweisen, neue „Beleuchtungen“ können Täter zu Opfern machen, Chaoten zu Kreativen, Unterdrücker zu Verantwortlichen, Fanatiker zu Idealisten. Wie geht man aber dabei konkret vor? Wie setzt man diese nur einige Minuten dauernden sprachlichen Interventionen? (s. a. die praktischen Beispiele auf S. 99)

4.4.3 Beispiele systemischer Interventionswerkzeuge

4.4.3.1 Reflecting Team

Anwendungsfelder:	Bewusstmachen spezifischer Systemmuster, latenter Themen vor kleineren oder größeren Gruppen
Wirkungsweise:	Die Berater lassen sich bei ihrer Reflexionsarbeit beobachten. Diese Umkehrung der konventionellen Beobachtungsrichtung wirkt wie ein „verbotenes Durchs-Schlüsselloch-Schauen“. Diese Inszenierung weckt Neugierde, erhöht Aufmerksamkeit und regt durch die Überraschungseffekte Reflexion an (vgl. Andersen 1991).
Kommentar:	Diese Intervention muss vorweg erklärt werden. Es ist wichtig, die zwei Sessel der Berater so gegenüberzustellen, dass eine natürliche Gesprächssituation möglich ist; sie sollten akustisch günstig im Raum positioniert sein. Der Dialog zwischen den Beratern sollte mit positiven Resonanzen beginnen. Dann werden Hypothesen, Resonanzen ausgetauscht.

4.4.3.2 Positive Konnotation

Anwendungsfelder:	Häufig steht die positive Konnotation nicht isoliert, sondern wird je nach Kontext vorweg als Würdigung ausgesprochen oder z. B. am Ende des Erstgesprächs, bei Rückspiegelungen etc. oder in Kombination mit anderen Interventionen angewendet. Durch eine positive Reaktion auf eine Situation oder auf ein Symptom, dessentwegen ein System sich selbst Vorwürfe macht, wird ein verändertes Bewertungssystem eingeführt, das Denkanstöße auslöst. Die Akzeptanz einer Situation ist der erste Schritt zu ihrer Veränderung.

Wirkungsweise:	Wertschätzendes Feedback, die Vermittlung von echtem „Beeindrucktsein“ gibt Energie, verbreitet Zuversicht, fördert Vertrauen, überrascht.
Kommentar:	Es gehört viel Fingerspitzengefühl dazu, nicht plumpe Lobhudelei zu betreiben, sondern tiefere Ebenen anzusprechen.

4.4.3.3 Das Gute im Schlechten, das Schlechte im Guten

Anwendungsfelder:	Diese Intervention wird immer dann eingesetzt, wenn man als BS das Gefühl hat, dass eine Seite des Widerspruchs unterbelichtet ist, z. B. Situationen sehr schwarz und als aussichtslos gesehen werden. Seltener muss die dunkle Seite bewusst gemacht werden (wenn idealisiert wird).
Wirkungsweise:	Bewirkt meist große Überraschung, Aha-Erlebnisse, eine differenzierte Sicht. Wirkt besonders in Kombination mit dem Reflecting Team.
Kommentar:	Beim Guten im Schlechten ist darauf zu achten, dass die geäußerten Sorgen dennoch ernst genommen werden. Beim Schlechten im Guten sollen die Äußerungen nicht als Entwertung des positiven Bildes aufgefasst werden.

4.4.3.4 Reframing – Umdeutung

Anwendungsfelder:	Bei verstrickten Beziehungsdynamiken, Opfer-Täter-Definitionen, wenn man spürt, dass aufdeckende Feedbacks nicht nutzen
Wirkungsweise:	Durch Umdeutungen kann mehr Flexibilität und Selbstbewusstsein erreicht werden, und dadurch wird die Eigenkomplexität erhöht. Die völlig konträre, oft paradox wirkende Sichtweise löst Überraschung, Irritation, positive Verstörung aus.
Kommentar:	Der Betrachtungsrahmen muss erweitert werden, nur dann sind andere Bedeutungszusammenhänge plausibel und nachvollziehbar. (Das Alltagsbild „Ein Glas kann halb voll oder halb leer sein“ kann als Hinweis nützlich sein.)

4.4.3.5 Splitting

Anwendungsfelder:	Streit zwischen zwei Parteien, Verfestigung von zwei Strömungen in der Gruppe
Wirkungsweise:	Die beiden Berater spalten" ihre Meinungen, vertreten verschiedene Anteile, die im System sind. Durch die Rollenteilung im BS fühlen sich beide Seiten spiegelbildlich verstanden und überrascht. Der Widerspruch wird im BS ohne Konsensbemühung reproduziert und so leichter bearbeitbar. Eine Variante ist das Vertreten eines „Einerseits – andererseits". Dieses Splitten bewirkt bei den Streitparteien eher eine Kompromisshaltung, weil man sieht, wie absurd der Konflikt ist. Die Kombination mit dem Reflecting Team hat sich bewährt.
Kommentar:	Übertreibungen können ein Kippen, d. h. eine noch tiefere Kluft, verursachen.

4.4.3.6 Paradoxe Intervention

Anwendungsfelder:	bei besonders starren Denkweisen, rigiden Schleifen, Widerstand, dort, wo das KS auf direkte, aufdeckende Interventionen nicht anspricht; nicht passend in Situationen großen Leides (wie Tod) und schwerer Verluste
Wirkungsweise:	Die Ambivalenz zwischen Verändern- und Nichtverändernwollen (Doublebindsituation) wird durch das „Gegenparadox" der Botschaft „Bitte nicht verändern!" aufgelöst.
Kommentar:	Diese Intervention bleibt immer eine Gratwanderung zwischen gelungener Intervention und vom KS erlebtem Zynismus. Wenn man als Berater diese Position nicht authentisch vertreten kann, sollte man diese Intervention lieber lassen.

4.4.4 Fragen

Fragen zu stellen gehört zu den wichtigsten Kernprozessen in der systemischen Beratung. Im Zuge des Arbeitsprozesses werden laufend Fragen gestellt, sei es bei Erstgesprächen, bei Interviews oder in vielfältigen anderen Situationen (vgl. a. Beobachtungskategorien, S. 53).

Offene Fragen haben den Zweck, qualitative Informationen zu sammeln. Im Rahmen systemischer Beratung haben Fragen aber nicht nur den Sinn, Einblick in die relationalen Strukturen eines Wirkungsgefüges und in komplexe Handlungsabläufe eines sozialen Systems zu gewinnen, sie sind zu gleich immer auch selbst Interventionen in ein System.

Aus systemischer Sicht sind Fragen *Aufforderungen* an den Befragten, „im Kopf" eine Selektion vorzunehmen. Dabei trifft der Befragte Unterscheidungen hinsichtlich „Trifft zu – trifft nicht zu", „Ist relevant – ist nicht relevant", „Ist eine Element von – ist kein Element von", „Ordne ich ein unter – hängt zusammen mit", „Bewerte – begründe ich mit", „Beantworte ich – beantworte ich nicht" usw.

In die Frage-Antwort-Interaktion spielen Bedingungen, Konventionen, Regeln, Strukturen des allgemeinen sozialen Kommunikationsraumes (z. B. gute Sitten, Moral, Höflichkeit, Verpflichtungen, Abhängigkeiten) ebenso hinein wie subjektive Faktoren (wie z. B. individuelle Werthaltungen, emotionale Befindlichkeiten, lebensgeschichtliche Erfahrungen, Vorurteile und Erwartungen). Fragen werden also nicht im Sinne von „Input – Output" beantwortet wie bei einem Computer. Sie bewirken vielmehr eine Veränderung innerhalb des kognitiven, mentalen, psychischen Systems der Befragten.

Fragen werden in allen Phasen des Beratungsprojektes als wichtiges Instrument der *Steuerung* der Kommunikation zwischen BS und KS eingesetzt. Der Verlauf der Frage-Antwort-Interaktion hängt von der jeweiligen Aufgaben- bzw. Problemstellung ab.

Unter geschlossenen Fragen verstehen wir alle jene Beantwortungsaufforderungen, die einen bestehenden gemeinsamen Interpretationsrahmen unterstellen und die mit Ja oder Nein beantwortet werden sollen. Es handelt sich dabei um Entscheidungs-, Auswahl-, Auskunftsfragen wie z. B.: „Wie viele Mitarbeiter hat das Unternehmen? Haben Sie schon ein OE-Projekt durchgeführt? Ist die Fluktuationsrate hoch oder niedrig?" Die Aufmerksamkeit wird dabei auf bestimmte Fakten und Daten gelenkt. Grundsätzlich verhindern geschlossene Fragen qualitativ neue Informationen.

4.4.4.1 Offene Fragen

Unter offenen Fragen verstehen wir solche, die zu einer Deklaration bzw. Modifikation des Interpretationsrahmens auffordern, wie z. B.: „Wie sehen Sie die Stellung Ihres Unternehmens im Vergleich zu Konkurrenten? Wo sehen Sie Verbesserungsmöglichkeiten? Warum glauben Sie, dass die Kommunikation im Managementteam nicht funktioniert?"

Der Befragte wird aufgefordert, seine subjektiven Sichtweisen, Einstellungen, Beurteilungskriterien auszudrücken Es findet dabei keine Vorselektion von Fragen statt. Offene Fragen dienen einerseits dem Vertrauensaufbau zwischen BS und KS, andererseits aber vor allem dem Erforschen der spezifischen Wirklichkeitskonstruktion, der Logik des jeweiligen KS.

4.4.4.2 Zirkuläre Fragen

Zirkuläre Fragen zielen ganz bewusst darauf ab, Interpretationsmuster und Beziehungen transparent zu machen, z. B.: „Wie sehen Sie die Beziehung der Gruppenleiter zu den Abteilungsleitern? Was denken Sie als Marketingleiter, dass die Vertriebsorganisation von Ihnen erwartet?" „Zirkulär" meint in diesem Zusammenhang: nachdenken, beschreiben, reflektieren, relativieren, vergleichen, überdenken, überarbeiten. Diese Schleife wird in der Beantwortung zirkulärer Fragen meist zwischen Frage und Antwort im Kopf des Befragten in Form von *Erwartung* und *Gegenerwartung* vollzogen. Wird in dieser Schleife gedacht, können damit Blockaden, Tabus, verdeckte Koalitionen oder Aversionen sichtbar gemacht und danach auch verändert wahrgenommen werden. Indem die Befragten über Unterschiede, über Beziehungen zwischen Personen und Ereignissen sprechen, wird auf einer Metaebene die Systemstruktur erkennbar.

4.4.4.3 Interviews

Interviews sind eine besondere Form der Frage-Antwort-Interaktion, bei der beide Seiten sich vorab darauf geeinigt haben, die besonderen Regeln und Rollen dieser Gesprächssituation einzuhalten. Der Interviewte hat sich bereit erklärt, zu den vom Interviewer geöffneten thematischen Feld eine Auskunft zu geben, das heißt, der Interviewer gibt das Generalthema vor, und der Interviewte sagt, was er darüber denkt bzw. davon weiß. Voraussetzung für diese Rollenteilung ist also ein *Wissensgefälle* zwischen den Gesprächspartnern, das im Verlauf des Interviews bearbeitet werden soll. Geht es dabei um Faktenwissen oder Vorannahmen, dann werden die Abfragen ähnlich wie bei einem Verhör vor Gericht sehr präzise und geschlossen sein. Will der Interviewer allerdings aus wertschätzendem Interesse Einblick in die Weltsicht, in das Werte- und kognitive Ordnungssystem des Befragten erhalten, also ein qualitatives Interview führen, muss er darauf achten, dem Gesprächspartner seine eigene Weltsicht nicht durch geschlossene Fragen unterzuschieben, sondern dessen Wahrnehmungskategorien und Unterscheidungen zu erfassen.

Die Beantwortung von offenen Fragen geschieht aber meist nicht einfach so, dass der Befragte offen heraus sagt, was er denkt, wie er sich fühlt und warum er dieses oder jenes für nicht gut bzw. für gut hält. Um ein gutes Gespräch zu führen, wird der Fragesteller versuchen, sich in den Befragten und in dessen Erwartungen hineinzuversetzen.

„Menschen denken ständig über andere nach und darüber, was andere über sie denken, daß sie über andere denken usf. Man fragt sich, was nun in den anderen vorgeht, man wünscht oder fürchtet, daß andere Leute wissen könnten, was in einem selbst vorgeht“ (Laing 1977).

Die Hinweise in Abbildung 22 sollen als Orientierung für günstiges bzw. ungünstiges Frageverhalten bei qualitativen Interviews dienen.

	+	–
Haltung	• Archäologe • Offenheit, Respekt • Neugierde, Staunen • Akzeptanz, Wertschätzung	• Inquisitor • Voreingenommenheit • Besserwissen • Bewertung, Abwertung
Strategie, Steuerung	• keine fixe Struktur • Offenheit, W-Fragen • Flexibilität	• starre Struktur • Geschlossenheit • Standardisiertheit
Technik	• offene, zirkuläre Fragen • zuhören • nachfragen	• geschlossene Fragen • Suggestivfragen • unterbrechen

Abb. 22: Basisorientierung für qualitative Interviews

Diese Schwarz-Weiß- Gegenüberstellung soll zeigen, dass sich aus dem Rollenselbstverständnis und der Haltung heraus die entsprechende Gesprächssteuerung automatisch ableitet. Mit inquisitorischem Verhalten und geschlossenen Fragen bleibt einem auch der Gesprächspartner verschlossen. Geht man aber wie ein Archäologe wertschätzend und hypothesengeleitet vor, dann kann man nachfragend erforschen, „was zum Vorschein kommt“.

Wir haben einen Leitfaden für qualitative Interviews zusammengestellt.

4.4.5 Leitfaden für qualitative Interviews

- *Zuhören statt reden, nachfragen*
  „Bitte erzählen Sie mir mehr darüber. Sie haben ‚meistens' gesagt. Wann gibt es Ausnahmen?"
- *Keine Suggestivfragen stellen*
  „Und das macht Ihnen keine Sorgen?!" Besser: „Wie ist das für Sie?"
- *Keine Ratschläge geben*
  „Warum sprechen Sie nicht mit Ihrem Vorgesetzten, das hilft weiter?!" Besser: „Was, denken Sie, könnten Sie selbst tun?"
- *Keine Kritik üben*
  Nicht: „Das war aber auch ungeschickt von Ihnen!"
- *Pausen ertragen*
  Ruhiges Nachdenken bringt meist Tiefe.
- *Weiterführende Fragen bzw. Aufforderungen können z. B. sein:*
  „Was erleben Sie hier als positiv, was macht Ihnen Spaß?"
  „Was erleben Sie als negativ, was nervt Sie?"
  „Erzählen Sie eine typische Begebenheit für den Bruch in der Beziehung."
  „Wofür wird man in diesem Unternehmen belohnt, bestraft?"
  „Können Sie die Beziehungen zu den Kunden, Lieferanten beschreiben?"
  „Wie sieht Ihr Zukunftsbild vom Unternehmen aus?"
  „Wenn eine gute Fee käme, und Sie hätten drei Wünsche frei, welche wären das?"
  „Wenn Sie ein Bild von der gesamten Situation entwerfen, wie sieht es aus?"

4.4.6 Leitfaden für zirkuläre Fragen

Offene Fragen sind für uns die Basis, die zirkulären Fragen die „hohe Schule". Als weitere Orientierung wollen wir nun einige zirkuläre Fragen anführen, die sich zur Verdeutlichung von Unterschieden bewährt haben. Wir wissen: Auf Unterschiede zu schauen bringt qualitative Information.

- *Die abwesenden Anwesenden*
  Diese Fragen machen unsichtbare Einflüsse transparent, zeigen Beziehungsgefüge und Annahmen über andere auf.
  „Wie würde der neue CEO die neue Situation beschreiben?"
  „Was würden die Kunden dazu sagen?"
- *Rangfolgen*
  Rangfolgen machen Unterschiede deutlicher.
  „Wen schätzen Sie als Mitarbeiter, als Vorstand am meisten/am wenigsten?"
  „Welcher Bereich genießt im Unternehmen das beste Image?"
- *Prozentfragen*
  Prozentfragen laden dazu ein, Ideen, Überzeugungen, Meinungen, Stimmungen genauer zu differenzieren, indem sie zu Abstufungen auffordern.
  „Für wie stark halten Sie auf einer Skala von 0 % bis 100 % die Abwehr in der Abteilung?"
  „Das Unternehmen steckt in einer Krise? Drücken Sie das in Zahlen zwischen 0 % und 100 % aus."
- *Beziehungsfragen*
  Um herauszufinden, wer mit wem „besser kann", können Dritte eingeladen werden, ihre Sicht der Beziehung zwischen anderen Personen darzustellen. Es ist eine Art „Tratsch".
  „Wo gibt es Koalitionen?"
  „Was würde die Produktion über die Beziehung zwischen den Vertriebseinheiten sagen?"
- *Erwartungsfragen*
  Sie helfen, Klarheit in Beziehungen zu bringen.
  Z. B.: Den Auftragskontext und Erwartungen erfragen:
  „Wer hatte die Idee zu unserem Kontakt?" „Warum gerade jetzt?"
  „Was müssten wir tun, um Ihre Erwartungen zu erfüllen?" „Wann ist die Beratung ein Erfolg bzw. ein Misserfolg?"
  „Wie wirkt sich das Problem aus?" „Woran würden Sie erkennen, dass es gelöst ist?"

„Wie erklären Sie sich, dass das Problem entstanden ist?"
„Was hat sich in der Beziehung zu Kunden geändert, seitdem das Problem aufgetreten ist?"

- *Möglichkeitskonstruktion: lösungs- und problemorientierte Fragen*
  Sie unterstützen das Generieren eigener Lösungsideen.
  „Wie würde eine gute Lösung aussehen?"
  „Sie wachen auf, und das Problem ist weg. Was ist dann anders?" (= Wunderfrage)
  „Was würde sich im Unternehmen ändern, wenn das Problem wieder verschwinden würde?"
  „Wie könnte Ihr Beitrag aussehen, um eine Veränderung zu bewirken?"

- *Verschlimmerungsfragen*
  Sie verdeutlichen die funktionale Seite von Problemen und führen Sie ad absurdum.
  „Wer müsste im Unternehmen was tun, um das Problem noch zu verschlimmern?"
  „Was wäre schlechter, wenn das Problem weg wäre?" „Wofür wäre es gut, das Problem noch eine Weile zu behalten?"

4.4.7 Analoge Interventionswerkzeuge

Vergegenwärtigen wir uns nochmals den Interventionsbaum. Auf der rechten Seite sehen wir den Ast „analoge Interventionen".

Unter analoger Intervention verstehen wir ganzheitliche, Gefühle und Erlebnisse ansprechende Instrumente, die „Herzen öffnen", die eine tiefere emotionale, unbewusste Ebene zum Klingen bringen. Die besondere Wirkung dieser ins „Künstlerische" gehenden Interventionsform haben wir schon im Zusammenhang mit der „symbolischen Interventionsebene" erwähnt. So kann z. B. das Erzählen von Märchen die latenten Seiten einer Unternehmenskultur besser beschreiben als rationale Analysen.

Die Bandbreite der Varianten und Kombinationsmöglichkeiten metaphorischer, allegorischer und symbolischer Darstellung von Wirklichkeit ist groß. Wir sind immer wieder fasziniert, wie viel Kreativität in Menschen steckt, wenn sie ihre eigene Situation in analoger Form darstellen. Die eigenständige Nutzung dieser Darstellungsmittel hat eine noch größere Wirkung, als wenn wir externe Berater Bilder zeichnen oder Geschichten erzählen, weil selbst gestaltete Bilder tiefer in der Erlebnis- und Gefühlswelt ihrer Schöpfer verwurzelt sind.

Wir setzen analoge Interventionen in unterschiedlichsten Situationen ein. Bei der Rückspiegelung von Diagnosen z. B. bringen wir jene Bilder, die in den Interviews genannt wurden. Mitglieder der Steuergruppe schreiben Geschichten, wie ihr Unternehmen in drei Jahren bzw. der Weg dorthin aussehen könnte. Nach Fusionsprozessen arbeiten wir mit Aufstellungen, mit Skulpturen, wodurch die Beziehung zwischen den Unternehmen emotional sehr deutlich wird. Wir regen an, Bilder zu malen, Videos zu drehen oder kleine Theaterstücke, Sketches aufzuführen. Das löst fast immer starke Emotionen aus, weil durch diese Selbstbeobachtung, Selbstdarstellung und Rückkopplungsschleifen kollektiv „blinde Flecken" bewusster werden.

Wie keine andere Interventionsform vermögen analoge Varianten Widersprüche zu integrieren. Sie zeigen die Dramatik der Gefühle, abstrahieren nicht von den inneren Spannungen, sondern drücken in ihren jeweiligen Symbolsprachen Ängste, Sehnsüchte und Entwicklungsmöglichkeiten aus. Analogien sind immer dann packend, wenn sie Latentes übersetzen, Verborgenes zum Vorschein bringen und Identifikationsmöglichkeiten bieten. Daher sind analoge Interventionen im Vergleich zu „digitalen" auch viel heikler. Die damit verbundenen Risiken muss man aber auf sich nehmen, will man Tiefenwirkungen erzielen.

Wir halten es nicht für sinnvoll, über die im Fallbeispiel „Chance" genannten analogen Beispiele hinausgehend noch weitere Beispiele anzuführen, weil ihre Wirkung nicht vermittelbar ist, wenn sie aus dem Zusammengang gerissen werden. Deshalb beschränken wir uns auf eine Zen-Geschichte, die uns einmal ein Kunde mit dem Kommentar gab: „So ist es mir in unserem Beratungsprozess selbst ergangen!"

Das Unhörbare hören

Als König Tsao seinen Sohn Prinz Tai zum Tempel schickte, auf dass er beim großen Meister Pan Ku in die Lehre gehe, war es Pan Ku aufgegeben, den Jungen alles zu lehren, was nötig wäre, um später ein guter Herrscher zu sein. Sobald der Prinz im Tempel eingetroffen war, schickte ihn der Meister allein in den Ming-Li-Wald. Nach einem Jahr sollte der Prinz zurückkehren und den Klang des Waldes beschreiben. Nach seiner Rückkehr sprach der Prinz: „Meister, ich konnte hören wie der Kuckuck ruft, die Blätter rauschen, die Kolibris surren, die Grillen zirpen, das Gras weht, die Bienen summen und der Wind flüstert und tobt" Als der Prinz geendet hatte, wurde er erneut in den Wald geschickt, um noch mehr zu erlauschen. Den Prinzen verwirrte das Gebot des Meisters. Hatte er nicht schon jeden Laut wahrgenommen, den es im Wald zu hören gab?

Tag für Tag und Nacht für Nacht saß der junge Prinz allein im Wald und lauschte. Aber er hörte keine anderen Klänge als die, die er schon vernommen hatte. Eines Morgens jedoch saß der Prinz still unter den Bäumen – und plötzlich drangen ganz schwache Laute zu ihm, wie er sie vorher noch nie gehört hatte. Und je genauer er hinhörte, desto klarer wurden sie. Ein Gefühl der Erleuchtung ergriff den Jungen. „Das müssen die Klänge sein, die der Meister von mir wahrzunehmen wünschte", überlegte er. Als der Prinz wieder beim Tempel angekommen war, fragte ihn der Meister, was er noch gehört habe. „Meister" antwortete der Prinz ehrfürchtig, „als ich ganz genau lauschte, konnte ich vorher nie Gehörtes hören – den Klang sich öffnender Blumen, den Klang der Sonne, die die Erde erwärmt und den Klang des Grases, das den Morgentau trinkt." Der Meister nickte anerkennend. „Das Unhörbare zu hören", bemerkte Pan Ku, „ist als Fähigkeit bei einem guten Herrscher unabdingbar."

4.5 Anwendung auf den Fall „Chance"

Es ist nicht einfach, sich die erwähnten Interventionsformen konkret vorzustellen. Schauen wir deshalb nun noch einmal zurück auf unsere Fallgeschichte. Welche Interventionen auf der Ebene der Werkzeuge und Techniken sind in unserem Beratungsfall speziell erwähnt? Den Kontext kennen wir aus der Fallgeschichte.

4.5.1 Reflecting Team

Diese Interaktionsform setzen wir regelmäßig ein. Sie gehört zum fixen Repertoire und Ritual unserer Arbeit.

Situation: Unruhe im Raum, Handys läuten, Leute gehen rein und raus.

Ergebnis unseres Gedankenaustauschs: „Die Leute hier sind sehr unter Druck. Sie haben offensichtlich ein sehr großes Verantwortungsgefühl, weil sie selbst hier ihren Aufgaben und Verpflichtungen nachgehen müssen. Vielleicht sollten wir mehr Pausen dafür einplanen."

Situation: Eine Evaluationsrückspiegelung wird im Kernteam total zurückgewiesen. „Die Ergebnisse sind falsch! Wir haben uns im letzten Jahr schon viel mehr verändert, als es uns hier zurückgespiegelt wird!"

Ergebnis unseres Gedankenaustauschs: „Es muss verletzend sein, sich zu wandeln und im Spiegel noch immer das Gesicht von gestern gezeigt zu bekommen. Die große Leistung, die die Menschen hier erbracht haben, wird offensichtlich in der Studie zu wenig gesehen. Die Prozessevaluation scheint noch vor sechs Monaten zutreffend gewesen zu sein, aber heute ist sie offensichtlich falsch." (Monate später wurde sie unternehmensweit als „Wahrheit" zitiert)

4.5.2 Reframing

Es gibt viele Varianten der Umdeutung.

Situation: Zuerst wird in der Gruppe prinzipiell über Probleme, missmutig über „Schrecklichkeiten" gesprochen. Positives, Erfolge hingegen werden erst nach mehrfachem Nachfragen erzählt.

Anmerkung von uns: „Diese Gruppe scheint sehr hohe Maßstäbe an sich selbst anzulegen. Deshalb werden immer in erster Linie Schwierigkeiten, noch zu Bewältigendes besprochen. Die Gruppe duldet kein Ausruhen. Es klingt eine fast heroische Haltung durch."

Situation: Es werden laufend Monologe gehalten. Die Redezeiten sind Energie raubend, zu lang, aber niemand sagt dazu etwas. Die nonverbalen Signale aber zeigen: Wir hören nicht mehr zu.

Anmerkung von uns: „In diesem Unternehmen ist es offensichtlich nicht leicht, gehört zu werden. Deshalb kann es sein, dass man lange sprechen muss, um sicherzugehen, sich doch noch Gehör zu verschaffen."

Situation: Es gibt aggressive Konkurrenzkämpfe zwischen Mitgliedern unterschiedlicher Unternehmen im Konzern. Das geschieht auch in der Kerngruppe und in Subprojekten.

Anmerkung von uns: „Wir sind beeindruckt von dem hohen Maß an Loyalität zu den eigenen Heimatsystemen, das bewirkt, dass man sich hier auch streitet."

4.5.3 Analoge Interventionsbeispiele

Anfangs gab es Skepsis, später Begeisterung.

Situation: Die Ist-Situation wird als Bild dargestellt (Flottenverband in losem Funkkontakt).

Intervention: Wir regen an, über Unterschiede und Gemeinsamkeiten zu sprechen: zwischen den Gruppen, zwischen der Gegenwartsdarstellung und der erwünschten Zukunft.

Situation: Das erste Modul des Leadership-Programms ist fast gescheitert. Die Kerngruppe muss entscheiden, ob das Programm weiterläuft oder nicht.

Intervention: Wir erzählen ein Märchen von Königen, Fürsten, Versammlungen am Hof, von Konkurrenzkämpfen, Verunsicherungen und Verwandlungen.

Situation: Die schlechten Führungskräfte sind das „rote Tuch“. Sie sind an allem schuld.

Intervention: Wir lassen Sketches spielen. Führung heute (Szenen mit Vetternwirtschaft, Konsequenzlosigkeit, Konfliktvermeidung). Führung morgen (Szenen mit professionellen, differenzierten, konsequenten Verhaltensweisen).

Situation: Die verschiedenen Unternehmen sind miteinander mehr in Konkurrenz als mit den Mitbewerbern am freien Markt. „Wir tun so, als ob der Feind innen sitzen würde, nicht draußen.“

Intervention: Wir lassen eine Skulptur aufstellen, die die Relationen der verschiedenen Subeinheiten abbildet. Das Standbild ist erschütternd, obwohl es nichts Neues darstellt und man schon vorher diffus geahnt hatte, wie gespannt die Beziehungsdynamik wirklich ist.

Situation: Der Visionsprozess ist abgeschlossen. Wie wird das Ergebnis wohl aufgenommen werden?

Intervention: Wir inszenieren ein kurzes Rollenspiel. „Was würden die Aufsichtsräte, Tochterunternehmen, Kunden etc. zur Vision sagen?“

5. Schwierige Situationen

Was als schwierige Situation im Beratungsprozess bezeichnet wird, ist natürlich relativ und von Person zu Person unterschiedlich. Bezieht sich die Beurteilung „schwierig“ auf die Zielerreichung im Hinblick auf die Vereinbarungen des Kontrakts, auf Probleme im BS oder auf die Beziehung zwischen KS und BS? Wir haben hier jene zehn Situationen ausgewählt, die in unseren Projekten immer wieder als Probleme auftauchen, oder auch im Rahmen von Ausbildungsprogrammen und Supervisionen als Auslöser für Ratlosigkeit und Unsicherheit im BS wirken.

Als schwierig, als problematisch definieren wir Situationen meist dann, wenn wir uns überfordert fühlen. Dennoch muss man sich bewusst machen, dass es gerade oft die Schwierigkeiten sind, die Impulse für einen Entwicklungsprozess bringen. Immer wieder erleben wir – auch an uns selbst –, dass Probleme ihre Bedeutung verändern, wenn sich die Sicht darauf verändert. Wir haben das im Zusammenhang mit der systemischen Haltung bereits angesprochen.

Was für das KS gilt, gilt eben auch für uns Berater: Erst die Kontextanalyse und die fundierte Hypothesenbildung ermöglichen eine differenzierte Aussage über passende Interventionsformen in schwierigen Situationen. Die hier geäußerten Gedanken basieren auf Erfahrungswerten und haben etwas mit „Faustregeln“ und grundsätzlichen Orientierungen zu tun.

5.1 „Wenn es Widerstand gibt – wie sollen wir uns verhalten?“

Widerstand ist Energie. Er kann offen, manifest oder versteckt, latent sein. Er ist immer ein Zeichen für Angst im System vor Verlusten, vor zu schneller Veränderung. Widerstand, so hört man oft von Systemikern, ist eine unzulässige Beschreibung. „Wenn Widerstand auftritt, haben wir als Berater etwas falsch gemacht.“ Wir sind hier nicht so radikal, sondern raten nach der Analyse grundsätzlich dazu, diese Energie wertzuschätzen, sie positiv zu kommentieren. Alleine das schon kann Bewegung in eine verfahrene Situation bringen. Widerstand scheint uns jedenfalls ein Sammelbegriff für unterschiedlichste Phänomene zu sein. Das Gemeinsame ist: Es geht nicht immer so, wie wir es uns wünschen.

- Widerstand kann sich äußern, indem unsere Prozessvorschläge abgelehnt werden: „Wir brauchen keine Großveranstaltung, die Leute können mit einem Schreiben über die Veränderungsnotwendigkeit informiert werden."
- Es kann zu einer echten Revolution in der Steuergruppe kommen: „Der ganze Prozess ist zu gefährlich, wir sollten nur noch sachliche Entscheidungen treffen und keine Softdinge wie Feedback mehr zulassen."
- Es können wichtige Interventionen boykottiert werden: „Diese Reflexionsrunden sind nur Zeitaufwand, wir müssen arbeiten."
- Auch Aktionismus kann Abwehr bedeuten: „Leider sind wir so im Stress, dass wir nicht regelmäßig kommen können."
- Verbale Zustimmung, die aber ohne Konsequenzen bleibt, ist ebenfalls hier einzuordnen: „Wir als Vorstände müssen unser Führungsverhalten verändern, Vorbilder sein." Es werden aber keine Personalentscheidungen getroffen, die die erwünschten Verhaltensweisen verstärken, symbolisch festigen.
- Auch Intrigen gehören hierher. Offiziell ist man für den Wandel, hintenherum aber wird gegen die „Treiber" agiert, oft sogar mit intriganten Mitteln: „Ich habe gehört, der Projektleiter glaubt selbst nicht an die Sache – es geht ihm nur um seine Karriere."
- Oft wird der Widerstand nicht direkt, sondern über Zeit und Geld ausgetragen, also rationalisiert: „Natürlich müssten wir daran arbeiten, dass wir keine Fehlerkultur haben, aber wir haben zu wenig Zeit – es gibt Wichtigeres, und die Berater kosten zu viel."

5.2 „Wenn Konflikte eskalieren – und wir als Berater stehen mittendrin"

Ohne Konflikte findet keine Veränderung statt. Sie bedeuten ein Sichtbarwerden der relevanten Unterschiede, Pole der Machtdynamiken. Als Berater werden wir immer wieder auch für die je eigenen Interessen verwendet. Das ist nicht ungewöhnlich. Es sollte uns gelingen, in möglichst neutraler Haltung den Dialog zwischen den Konfliktparteien

(z. B. Einkauf – Vertrieb) zu fördern, Hilfestellungen zu geben, die zu gemeinsamen Lösungen führen. Dafür gibt es verschiedenen Designs, die je nach Kontext passen.

Voraussetzung für einen souveränen Umgang mit Konflikten ist die Fähigkeit, mit den eigenen Ängsten gut umgehen zu können, zu entdramatisieren. Wichtig ist, von allen beteiligten Konfliktpersonen bzw. -parteien akzeptiert zu werden. „Sie haben sich nicht einschüchtern lassen. Das hat uns geholfen, unseren Konflikt zu lösen".

Besonders schwierig ist es verständlicherweise, wenn man als BS selbst zwischen die Fronten gerät und stellvertretend beschuldigt wird oder als Projektionsfläche herhalten muss.

Nicht einfacher aber sind Konflikte innerhalb des eigenen Teams. Das kann sich in einem Konkurrenzkampf zwischen den Kollegen (z. B. externen und internen Beratern, Fach- und Prozessberatern) äußern, wo es darum geht, wer den *lead* hat, wer mehr Geld verdient, mehr Beziehungskapital im KS aufbauen kann usw. Je selbstreflektierter man als Berater ist, desto besser kann man damit umgehen.

5.3 „Wenn der Abbruch des Beratungsprojektes droht, wir aber das Projekt dringend brauchen"

Bei allen Transformationsprozessen kommt es immer wieder zu Weichenstellungen, die auch Abbruch der Beratung bedeuten können. Damit muss man rechnen. Dies ist meist ein Zeichen dafür, dass sich im System wirklich etwas bewegt.

Wenn wir uns als Berater in ökonomischer Abhängigkeit befinden, ist ein gelassener Umgang damit extrem herausfordernd. Daher ist für diesen Beruf eine Basisunabhängigkeit eine wichtige Voraussetzung für Professionalität. Gerade beim Aufbau eines Kundenstamms ist das natürlich eine Paradoxie. Jeder muss diese Situation für sich lösen. Die Freiheit, im BS zu überlegen, wann unsere Arbeit noch Sinn ergibt und unter welchen Umständen ein Abschluss, ein Ausstieg dem Klientensystem mehr bringen würde, ist für uns keine Frage von Ausnahmesituationen, sondern ist periodisch immer wieder zu stellen. Sehr oft ist das Sich-bewusst-Machen dessen, welche Rahmenbedingungen man braucht, um erfolgreich arbeiten zu können, die Voraussetzung für Klarheit und Grenzziehung. Es kann dann z. B. ein Review des bisherigen Prozesses mit Auftraggebern und Schlüsselpersonen, in der die

Bereitschaft einer Auftragsbeendigung signalisiert wird, Wunder wirken: Ein Kunde sagte nach solch einem Gespräch: „Ihre Unbestechlichkeit hat uns weitergebracht."

5.4 „Wenn das Topmanagement nicht hinter dem Projekt steht, bekommen wir kein Commitment"

Man kann über Hierarchien und Macht denken, wie man will, aber ohne das Topmanagement bei Veränderungsprozessen im Boot zu haben, laufen wir leere Kilometer. „Ohne die oben nutzt uns die ganze Begeisterung nichts." Die Unterstützung sollte schon durch die Kontraktgestaltung manifestiert sein und bei passenden Gelegenheiten immer wieder in der Unternehmensöffentlichkeit bestätigt werden. Daher empfehlen wir als eine der ersten Aktivitäten die Begleitung des Topmanagements (Strategie-, Teamentwicklung) als ein zentrales Architekturelement in Veränderungsprozessen. Dort werden von Anfang an die Rollen bzw. die Erwartungen hinsichtlich der gewünschten Unterstützung thematisiert, Unterschiede ausgetragen. Sie bieten die geeignete Plattform für auftretende Probleme und ihre Bearbeitung. Sind die Weichen nicht gleich anfangs dafür gestellt, sind Nachadjustierungen schwierig.

5.5 „Wenn überraschend Krisen im KS auftauchen, sind wir mit Problemen konfrontiert, die niemand vorhersehen konnte"

Wieder wollen wir daran erinnern: „Die Wechselfälle des Lebens sind das Leben selbst." Markteinbrüche, unvorhergesehene Forderungen, Fusionen usw. können zu massiven Krisen im KS führen. Sie sind für uns nur ein weiteres Muster im Strom der Zeit. Da wir durch unsere Prozessarchitektur neben der Linie Kommunikationsplattformen bauen, auf denen komplexe Situationen besprochen, reflektiert und Lösungsideen generiert werden können, kann man dort auch in aller Ruhe die Krise zum Thema machen. Interessant dabei ist, warum es z. B. kein Frühwarnsystem in der Organisation gibt oder Orientierungen darüber vorhanden sind, was schnell gemacht oder zumindest eingeleitet bzw. was aus Krisen gelernt werden kann. Oft ist das rasche Einrichten einer Task-Force mit einem klaren Krisenbewältigungsauftrag eine gute Möglichkeit: „Ohne die Task-Force hätten wir die Krise mit 15 % Abbau der Belegschaft nicht so in den Griff bekommen."

Krisen gehen oft Hand in Hand mit neuen Ansprechpartnern für uns Berater, neuen Projektzielen und veränderten Ressourcen. Dann ist eine erneute Auftragsklärung ohnedies nötig.

5.6 „Wenn massive Machtspiele im Gange sind, kommen unsere Interventionen nicht mehr an"

Unserer Erfahrung nach gibt es keine Veränderungsprozesse, in denen das Zwillingspaar „Konflikte und Machtkämpfe" nicht immer wieder die Szene bestimmen. Veränderung heißt auch Machtverschiebung. Verlust von Privilegien, von Einfluss usw. macht Angst, mobilisiert regressive archaische Kräfte.

Wir Berater werden dabei von den Akteuren oft für eigene Interessen benutzt. Es ist trotz Professionalität nicht einfach, mit den verschiedenen Machtträgern eine gute Beziehung nachhaltig zu pflegen. Differenzierungen im Beraterstaff können dabei nutzen. So kann es etwa günstig sein, bei Machtkämpfen zwischen Vorstand und Betriebsrat zwei Kollegen der Vorstandsbegleitung und zwei andere der Gruppe der Betriebsräte zuzuordnen. Die Themen werden dann vorweg in einer anderen Deutlichkeit – spiegelbildlich - in den Staff getragen: „In unserem Team spiegeln sich deren Unterschiede." Dadurch können gute, neue Interventionsideen auftauchen. Gerade bei Machtthemen sind theoretische Konzepte, das Verständnis von Machtdynamiken in Organisationen von großer Bedeutung: „Macht nimmt man sich nicht, Macht wird einem gegeben." Das Wissen, dass alle mitspielen, auch die Ohnmächtigen und nicht nur die Mächtigen, ermöglicht andere Zugänge.

Besonders prekär gestalten sich Machtkämpfe, wenn sie sich zwischen Veränderern und Bewahrern abspielen und die Berater eindeutig den Veränderern zugerechnet werden. Hier nutzten Neutralität, aber vor allem die innere Wertschätzung und das echte Verständnis für beide Haltungen.

5.7 „Wenn Ressourcen fehlen – zu wenig Geld und zu wenig Zeit vorhanden sind –, sind wir schachmatt gesetzt"

Wir kennen alle die Situation: Ein Unternehmen braucht Beratung, aber es hat kaum ein Budget dafür, oder es kann bzw. will die Mitarbeiter, die Zeit der Mitarbeiter dafür nicht zur Verfügung stellen, sodass eine wirkliche Beteiligung kaum möglich ist: „Geht das auch mit dem halben Budget?" „Geht das mit weniger Aufwand?" Oder: „Unsere Projektleiter sind ständig im Ausland. Sie sind nicht einen ganzen Tag im Monat abkömmlich."

Wir müssen dann die Entscheidung treffen, ob wir den Auftrag dennoch annehmen wollen oder ihn z. B. im Leistungsspektrum reduzieren bzw. eine andere Rolle, z. B. nur eine Supervisionsrolle, übernehmen können. Ohne Kontextanalyse ist diese Frage nicht zu beantworten. Es geht dabei auch darum, was man sich als Berater zutraut und was noch Freude und Spaß macht.

Wenn wir klare Rahmenbedingungen haben, die natürlich an die jeweilige Situation maßgeschneidert angepasst sein müssen, dann haben wir für uns selbst eine gute Orientierung, um uns zu positionieren. Wenn das Ziel klar ist, gibt es immer Lösungen. Oft ist das eine Frage der Prioritäten. Man kann sich auch damit behelfen, dass man eine Pilotphase vorschlägt, nach welcher man Erfolg reviewt, um dann nachzusteuern oder neu zu entscheiden. So lässt man Optionen offen. Was geht und was nicht geht, ist wieder eine Frage des Fingerspitzengefühls: „Wenn Sie die ersten sechs Monate nicht zu einem niedrigeren Tagsatz gearbeitet hätten und aus den 20 Tagen nicht 15 gemacht hätten, wären wir nie zu einem Kontrakt gekommen. Jetzt sehen wir erst, was das Ganze bringt, und können eine andere Dimensionierung vertreten."

5.8 „Wenn wir es mit ‚rigiden Schleifen' zu tun haben, treten wir auf der Stelle – was tun?"

Der systemische Ansatz hat ja gerade den Anspruch, dort wirken zu können, wo es tief verwurzelte, rigide Schleifen, wiederkehrende, oft dysfunktionale Muster gibt, die durch andere Ansätze nicht bearbeitbar sind. Wenn diese schwierigen Phänomene nicht spürbar würden, wäre unsere Arbeit auch nicht vonnöten. Allerdings erleben das Klienten oft anders, was uns wiederum unter Druck setzt: „Was nutzt Ihre Beratung, die nun schon ein Jahr dauert, wenn wir unsere Planungsprozesse nach wie vor an der Realität vorbei betreiben, obwohl wir wissen, dass wir nur mit realistischen Planungen unser Budget erreichen und das Wohlwollen unserer Banken nicht weiter strapazieren können." Die Einstellung, unangenehme Abweichungen nicht offen anzusprechen, keine Polster einzuplanen, ist immer dieselbe: „Wir wollen die Realität nicht sehen." „Warum haben Sie noch nichts erreicht?"

Im Zweifelsfall sind dann die Berater schuld. Rigide Schleifen haben ihre Funktion. Diese zu verstehen und geduldig immer wieder durchzuarbeiten ist eine Kunst. Um rigide Schleifen aufzubrechen, nutzen uns vor allem paradoxe Interventionen.

5.9 „Wenn kein Basisverständnis für ein prozesshaftes Vorgehen vorhanden ist, hilft kein Argument"

Immer wieder trifft man auf neue Kunden, die keine Erfahrung mit Prozessberatung haben. Sie meinen, durch Appelle Veränderungen in den Einstellungen erreichen oder mit drei Sitzungen Wunder wirken zu können: „Sie haben doch so viel Erfahrung, das lässt sich doch sicher in kürzerer Zeit und mit weniger Aufwand erreichen."

Es ist dann nicht leicht, ruhig zu reagieren, weil man dabei mit der eigenen Sorge um zu wenig Wertschätzung konfrontiert ist. Aber woher sollen Menschen unser Prozesswissen haben, wenn sie noch keine entsprechenden Erfahrungen gemacht haben und eine diesbezügliche Sensibilität noch nicht entwickeln konnten? Anschlussfähige Reflexionsräume können helfen, ihnen dieses Wissen langsam nahe zu bringen: kürzere Workshops mit anschließender Reflexion, Erfahrungsaustausch mit geschätzten Kollegen aus anderen Organisationen (die Prozesserfahrungen haben) oder einfach ein Sicheinlassen auf Experimente. Wieder gilt: Was trauen wir uns als Berater zu? Wie viel Geduld und Gelassenheit haben wir, wo sind unsere eigenen Grenzen? Wenn wir es schaffen, eine Steuergruppe zu konstituieren und diese zu begleiten, wächst automatisch das Prozess-Know-how der Organisation (siehe Fall „Chance"). Das bewusste Gespräch über das Wie und nicht nur über das Was, die Reflexion der Prozessbeobachtungen unterstützt die Schärfung der Wahrnehmungskategorien. Immer sind wir auch Lehrmeister des Prozess-Know-hows: „Ich habe früher gar nicht gesehen, was es bedeutet, solche Prozesse zu steuern. Seit ich selbst Workshops designe und leite, weiß ich erst, dass das nicht nur Moderation ist. Es ist eine subtile, schwierige Arbeit".

5.10 „Wenn wir in unserer Rolle nicht ernst genommen werden, können wir nicht wirken"

„Wir können nicht nur nichts bewirken, sondern es ist auch narzisstisch kränkend." Wenn wir dieses persönliche Gefühl überwunden haben, ist die Situation schon viel leichter. Es ist nicht nur eine Frage der Fremddefinition, ob man ernst genommen wird oder nicht, sondern zuallererst eine Frage der Selbstdefinition. Das eigene Selbstbewusstsein strahlt aus. Natürlich spielen oft auch andere Gründe mit, z. B. wenn Beratung als Alibi betrieben wird. Auch dann hilft es, den Kontrakt nochmals zu besprechen, die Rollenerwartungen erneut zu klären.

Besonders schwierig ist es, wenn die Strukturhoheit, unser Design nicht akzeptiert wird, wenn Gegenvorschläge kommen: „Wir sollten jetzt besser nicht in Gruppen gehen.“ Wenn solche Situationen nicht mit Lockerheit behandelt werden können, bewährt sich das Reflecting Team als Intervention (s. S. 89). Sollte das auch nichts bewirken, muss der Kontrakt mit dem Auftraggeber noch einmal besprochen werden. Je besser das Arbeitsbündnis mit den internen Ansprechpartnern, z. B. dem Projektleiter, mit Schlüsselpersonen, desto besser ist unsere Verankerung im System.

Es gibt einige wenige Metaregeln für alle schwierigen Situationen:

1. Für regelmäßige Staffarbeit sorgen. Gemeinsam Hypothesen bilden, die Schleife durchgehen, sich Zeit für Reflexion nehmen. Alleine zu arbeiten ist immer schwierig. Unser Ansatz setzt mindestens zwei Berater voraus.
2. Wenn das nicht reicht, kann man sich auch eine Supervision organisieren – individuell oder als Team.
3. Immer wieder an der eigenen Haltung, Professionalität arbeiten, sich Feedback organisieren.
4. Es ist günstig, sich die eigenen Rahmenbedingungen für eine erfolgreiche systemische Beratung immer wieder bewusst zu machen, aufzuschreiben, durchzugehen.
5. Und mit besonderer Achtsamkeit und Bewusstheit den Anfang der Beziehung zum Klientensystem gestalten. Wie schon gesagt, der Aufbau des BKS ist wie der Anfang eines Musikstückes: Zu Beginn wird die Grundmelodie geschrieben, die dann in Variationen gespielt wird.

Im Laufe der Jahre haben wir für uns Erfolgsfaktoren erarbeitet, die uns helfen, schwierige Situationen leichter zu bewältigen bzw. sie schon von vornherein zu vermeiden (s. Abb. 8). Sie sind die Rahmenbedingungen bei Kontrakt- und Reviewgesprächen mit den Auftraggebern.

6. Trends und Ausblick: Die Zukunft systemischer Organisationsentwicklung und Beratung

Wie schätzen wir ihre Zukunft ein? Von welcher Weiterentwicklung gehen wir aus? Wir wissen, die Zukunft kann man nicht vorhersagen, bestenfalls mitgestalten: Unsere Bilder und Annahmen über die aktuellen und möglichen Einflussfaktoren haben immer Auswirkungen auf unser aktuelles Handeln. Wir wollen hier Hypothesen über solche Annahmen mit daraus resultierenden Anforderungen an Unternehmensführung und Berater verknüpfen.

Die Einsicht, dass – wie bei einem Mobile – alles mit allem zusammenhängt, gilt nicht nur für Organisationen und ihre Beziehungen zur Umwelt, sondern auch für politische, soziale, ökonomische, technische und kulturelle Verhältnisse. Wirtschaftliche, politische und soziale Entwicklungen wirken sich massiv auf die Dynamik und Struktur von Unternehmensorganisationen aus (vgl. Olson 2000) und folglich auch auf ihre Steuerung und Führung. Daher hängen auch Wirtschaftstheorien, Organisations- und Managementtheorien aufs Engste zusammen.

Die postmoderne „Wissensgesellschaft" ist gekennzeichnet durch Globalisierung, weltweite Vernetzung, zunehmendes Veränderungs- und Innovationstempo, Mobilität der Mitarbeiter, Unsicherheit und Undurchsichtigkeit der Märkte usw.. Der dadurch ausgelöste Erklärungs- und Problemlösungsdruck ist erst in den letzten Jahren besonders virulent geworden. Aus all den Fragen und Problemen, die sich daraus ergeben, wollen wir hier einige Dilemmata herausgreifen, mit denen die Unternehmensführung unserer Erfahrung nach zu kämpfen hat.

6.1 Die Dilemmata der Führungskräfte

6.1.1 Kurzfristige versus langfristige Perspektiven – Nachhaltigkeit

Wirtschaftssysteme, globale wie nationale und regionale, sind nicht einfach eine Ansammlung unabhängig nebeneinander agierender Unternehmen, sondern sie sind eine komplexe Verschränkung aller Aktivitäten innerhalb eines Wirtschaftsraumes. Wie sich z. B. die Aktivitäten eines Autoproduzenten auf andere Knoten im „Netzwerk" auswirken und wie sich deren Aktivitäten auf den Produzenten auswirken, ist schwer zu durchschauen und noch schwieriger zu beeinflussen. Die Wirtschafts-, Verkehrs-, Umwelt- und Arbeitsmarktspolitik eines Landes, die Energie- und Lebensmittelindustrie, das Gesundheits-, Sozial- und Bildungswesen etc. können sich ebenso direkt oder indirekt auf die Ertragslage eines Unternehmens auswirken wie internationale Entwicklungen, politische Konflikte oder Naturkatastrophen (vgl. Ortner 2003a).

- Für die Unternehmensführung ergibt sich daraus das Problem, dass sie bildlich gesprochen in einem Boot sitzt, das sie nicht wirklich selbst steuern kann. Umsicht und weise Voraussicht innerhalb dieses Beziehungsgeflechts mit den kurz- und mittelfristigen Interessen des eigenen Unternehmens in Einklang zu bringen ist nicht nur für die international agierenden Player eine kaum zu bewältigende Herausforderung.

Moderne Wirtschaftsunternehmen sind nicht allein durch das traditionelle, lineare „Input-Output-Throughput"-Paradigma zu managen, weil Geschäftsprozesse innerhalb einer längeren Wertschöpfungskette *(extended supply chain)* einer Spirale von fortlaufenden Zirkeln gleichen – wobei nie genau festzustellen ist, welche Konsequenzen eine Entscheidung an irgendeinem Punkt der Kette haben wird. Eine zweckmäßige, nach dem Ursache-Wirkungs-Schema getroffene Entscheidung kann daher oft, wenn überhaupt, erst nach Jahren eine erkennbare Wirkung zeigen.

- Für die Unternehmensführung ergibt sich daraus das Problem, dass Managemententscheidungen, die auf eine kurzfristige Wirkung in einem klar abgegrenzten Bereich ausgerichtet sind, fast immer nicht beabsichtigte kurz- und/oder mittelfristige Auswirkungen auf irgendeinen anderen Bereich haben. (Viele Wirtschaftsforscher vertreten daher die Ansicht, dass Wirtschaftssysteme eher chaotisch, irrational sind und ganz und gar nicht rational.) Den Durchblick und Überblick zu bewahren, stellt für Führungskräfte eine immense Herausforderung dar.

Die Führung eines Unternehmens hat zwar die Aufgabe, den Interessen des eigenen Unternehmens zu dienen, sie muss dabei aber gleichzeitig die Interessen ihrer Investoren, Partner, Kunden etc. berücksichtigen und versuchen, sie unter einen Hut zu bringen, sie aufeinander abzustimmen. Nun haben sowohl Unternehmen für sich selbst als auch alle anderen Mitspieler und Stakeholder kurzfristige und langfristige Ziele und Interessen, die oft in Widerspruch zueinander stehen. Ein Investor will kurzfristig Gewinne erzielen. Seine langfristigen Ziele, selbst zu überleben und zu wachsen, muss er aber nicht notwendigerweise mit dem längerfristigen Überleben genau dieses Unternehmens verbinden.

- Für das Management ergibt sich daraus die schwer lösbare Aufgabe, die eigenen, langfristigen Unternehmensinteressen mit denen seiner Partner bzw. Geldgeber zu verbinden. Will die Unternehmensführung die Performance des eigenen Unternehmens langfristig und nachhaltig sichern, muss sie aber auch oft zu so genannten *lonely tragic decisions* greifen, z. B. Arbeitsplätze abbauen und damit *brain drain* in Kauf nehmen.
- Einen sinnvollen Ausgleich zwischen kurz- und langfristigen Interessen und Zielen zu finden, ist daher auch innerhalb des Unternehmens selbst eine Herausforderung, denn die längerfristigen Interessen einzelner Mitarbeiter (sinnvolle und befriedigende Arbeit, sicherer Arbeitsplatz, soziale Anerkennung, Selbstverwirklichung, Weiterbildung etc.) decken sich nicht immer oder nur teilweise mit den Interessen des Gesamtunternehmens.

6.1.2 Steuerung versus Führung

Unternehmensführung beinhaltet sowohl Steuerungs- als auch Führungsfunktionen. Mit Steuerung assoziiert man üblicherweise das Steuern von Maschinen, z. B. von Autos oder Schiffen, wobei genau definierte Steuerimpulse ein ganz bestimmtes Reagieren der Maschine bewirken. Dank moderner elektronischer Steuerungstechnologien sind wir heute in der Lage, maschinelle Systeme wie z. B. Raumkapseln über Millionen von Kilometern exakt zu manövrieren. Anders bei der Steuerung von sozialen oder ökonomischen Systemen.

Ein Produktionsunternehmen besteht zwar aus einer Reihe von Maschinen, deren Prozesse genau definiert, kontrolliert und untereinander exakt verzahnt sind und daher auch gesteuert werden können, doch auch in der maschinellen Produktion gibt es eine Reihe von Steuerungs- bzw. Entscheidungsfunktionen, die nur von Menschen ausgeführt werden können. Damit diese Steuerungsfunktionen möglichst reibungslos funktionieren, werden Prozesse definiert und strukturell fixiert, etwa durch Workflow-Systeme oder durch andere Vorschriften, Regeln, Normierungen und Standardisierungen. In diesem Sinne kann das Zusammenwirken von Maschinen und Menschen in einem Unternehmen „gesteuert" werden.

- Weil aber diese „mensch-maschinellen" Systeme immer komplizierter werden und immer etwas Unvorhergesehenes passieren kann, ist es notwendig, über immer ausgeklügeltere Fehlermeldungs- und -behebungseinrichtungen, also über differenzierte, standardisierte Rückkopplungsschleifen ein reibungsloses Funktionieren sicherzustellen. Keine leichte Aufgabe.

Unter *Führung* verstehen wir das „Vorangehen" und „Wegweisen" von Personen für Personen. Haben wir das Steuern von Maschinen dank moderner Technologien so halbwegs in den Griff bekommen, verhält sich das mit der Führung von Menschen anders. In unserer Zeit, dem so genannten Wissenszeitalter, kommt es immer mehr auf hoch qualifizierte, innovative, kreative, leistungswillige, hoch motivierte Mitarbeiter an. Es stellt sich für Führungskräfte die Frage, wie diese „komplizierten" Menschen dazu gebracht werden können, gemeinsam an einem Strick zu ziehen und ihre individuellen Interessen wenigstens zum Teil denen des Gesamtunternehmens unterzuordnen.

Von Führungskräften wird in diesem Zusammenhang fast Unmögliches verlangt: Überzeugungs- und Durchsetzungskraft, Charisma, Visions- und Charakterstärke, Geradlinigkeit in der Zielverfolgung, Selbstbewusstsein, Reflektiertheit, Offenheit, Einfühlungsvermögen, Verantwortungsbewusstsein, Rücksicht, Vorsicht, Umsicht, Weitblick und natürlich gut fundiertes Fach- und Prozesswissen. Einiges davon hat man oder hat man nicht, vieles kann man lernen oder sich durch Erfahrung aneignen.

Wir sehen die Herausforderung an moderne Führungskräfte aber noch in einem anderen wichtigen Bereich, und zwar in der Frage, wie

„Sinn" gestiftet werden kann. Es ist unbestritten, dass sich Mitarbeiter, insbesondere „Wissensarbeiter", sehr stark über die „Sinnhaftigkeit" ihres Tuns und Engagements motivieren, vorausgesetzt natürlich die Entlohnung und das Betriebsklima stimmen. Bis zu einem gewissen Grad ist es zwar richtig, dass jeder Einzelne seiner Tätigkeit und Arbeit selbst einen Sinn geben muss und man daher von Führungskräften nicht verlangen kann, Sinnhaftigkeit für andere zu definieren und vorzugeben. Dennoch tragen Führungskräfte sehr viel dazu bei, ob den Mitarbeitern ihre Tätigkeit im Unternehmen insgesamt als sinnvoll erscheint oder nicht.

- Das Problem dabei ist, dass die jeweiligen individuellen Sinndimensionen (interessante Arbeit, Freude, soziale Anerkennung, Selbstverwirklichung durch Weiterbildung, sicheres Einkommen etc.) nicht – z. B. unter dem Titel „Unternehmenserfolg" – über einen Kamm geschoren werden können. Die verbindende Sinndimension herauszufinden und vorzuleben ist nicht leicht.

6.1.3 Konflikt zwischen Rolle/Funktion versus Person

Aus der langen Liste von Anforderungen an Führungskräfte ergibt sich ein weiteres Dilemma: Wie glaubhaft, authentisch und überzeugend – für sich selbst und für andere – kann die Differenz zwischen Ideal und Wirklichkeit gelebt werden? Diese Frage betrifft zwei Dimensionen. Erstens jene der Vereinbarkeit von idealtypischen Eigenschaften bzw. Fähigkeiten und individuellen Unvollkommenheiten, Schwächen, Ängsten, Fehlern, Vorlieben und Abneigungen.

- Eine authentische, nicht vorgespielte Verbindung von Führungsrolle und individuellen Eigenheiten macht die „Führungspersönlichkeit" aus. Was wir über die Bedeutung und Funktion von „Haltung" in der systemischen Beratung gesagt haben, gilt in diesem Sinne auch für Führungskräfte.

Das zweite – vielen Führungskräften nur allzu vertraute – Problem besteht darin, die Funktionen der Unternehmensführung zur nachhaltigen Sicherung des Überlebens wahrzunehmen und dabei sehr oft eigene Wertvorstellungen und Prinzipien und vor allem Interessen von Mitarbeitern verletzen zu müssen.

Zu solchen Unvereinbarkeiten bzw. *lonely tragic decisions* kommt es immer dann, wenn etwa im Zuge von Umstrukturierungen und Rationalisierungsmaßnahmen Mitarbeiter entlassen werden müssen, oder wenn der von den Investoren ausgehende Erfolgsdruck bezüglich kurzfristiger Gewinn-, Umsatz-, Produktionssteigerung mit den langfristigen Unternehmenszielen nicht zu vereinbaren ist.

- Es sind schwierige Entscheidungen, denn das kurzfristige Überleben steht oft auf dem Spiel. Sie müssen – mit dem wenig befriedigenden Hinweis auf Sachzwänge – getroffen werden, auch wenn sie längerfristig keine Perspektiven eröffnen.

6.2 Forschung als Suche nach Problemlösungen

Der Blick über den Tellerrand, die Beschäftigung mit relevanten gesellschaftlich-wirtschaftlichen Themen und Zukunftstrends ist für uns keine rein akademische Beschäftigung, sondern das Umfeld, die Basis der Arbeit von Beratern und Managern. Diese Trends werden in der Öffentlichkeit unter folgenden Stichworten diskutiert: Globalisierung, Integration und Vernetzung – Liberalisierung der Märkte – Deregulierung des Arbeitsmarktes – Zentralisierung und Dezentralisierung von Entscheidungsprozessen – Prosumer-Entwicklung – „Lebensunternehmertum“ – Krise der Hierarchien – zunehmende Komplexität – Zugänglichkeit von Wissen – technologischer Fortschritt – Umbau des Sozialstaats – Wandel des Staatsverständnisses zum Dienstleister (s. auch Königswieser et al. 2006).

Wir gehen davon aus, dass wir auch in diesem Zusammenhang uns ein „eigenes Bild der Lage“ machen müssen und arbeiten daher selbst an Konzepten und Modellen, gemeinsam mit unseren Beraterkollegen, Managern, Kunden, Wissenschaftlern. Wir haben uns in den letzten Jahren mit unterschiedlichen Forschungsschwerpunkten auseinandergesetzt, die uns – vor dem Hintergrund der oben angesprochenen Herausforderungen – besonders wichtig erscheinen: Aufsichtsräte, Arbeitsplatzabbau, Scheitern, Systemdiagnose und die Entwicklung der Komplementärberatung (s. Kapitel 6.2.2)

- Im Kontext der Dilemmata von Führungskräften wirft die *Aufsichtsratsthematik* Licht auf ein Tabuthema, nämlich die essenziellen Machtnetzwerke in Unternehmensstrukturen und ihre Auswirkung auf die Steuerung und Performance von Unternehmen (vgl. Königswieser et al. 2004). *Arbeitsplatzabbau* führt zu großen Erschütterungen sowohl auf individueller Ebene als auch auf Unternehmensebene. Es ist darüber hinaus nach wie vor ein brennendes sozialpolitisches Thema in allen Industriegesellschaften. Und es ist ein wichtiger Indikator für den Stellenwert von Arbeit in der Gesellschaft und erfordert völlig neue Zukunftsmodelle zur Lösung dieser Problematik (Hillebrand et al. 2005). Weitere relevante Forschungsthemen der letzten Jahre waren für uns: Leben mit Widersprüchen, Krise, Fragen!, Vision + X = Energie, Beschleunigung versus Entschleunigung, Komplementärberatung (Königswieser und Königswieser 2009) und Scheitern (Burmeister und Steinhilper, in Vorb.).

6.3 Was bedeutet das für Beratung: Zusammenspiel von Prozessberatung und Fachberatung: Wo ist die Zukunft?

Mit welchen Problemen und Herausforderungen Beratung konfrontiert ist und wie sie sich selbst verändern und weiterentwickeln wird, hängt eng mit den gesellschaftlichen Entwicklungen zusammen, von denen Wirtschaft ein wichtiges Element ist. Organisationsberatung ist in diesem Sinne auch der Spiegel sozioökonomischen Wandels.

6.3.1 Internationalisierung

Nicht nur in großen Beratungsprojekten, sondern auch in mittleren und kleinen Projekten haben wir es immer häufiger mit internationalen, global agierenden Unternehmen zu tun. Dies bedeutet nicht nur, dass in den *extended supply chains* Partner aus unterschiedlichen Ländern – mit unterschiedlichen Rahmenbedingungen – involviert sind und die entsprechenden Kommunikationsprozesse gemanagt werden müssen, sondern auch, dass die Unternehmen selbst Mitarbeiter aus unterschiedlichen Ländern und Kulturen beschäftigen. Interne kulturelle Diversität kann zwar eine Bereicherung darstellen, kann aber auch, wie aus Beispielen von Fusionen und Übernahmen bekannt ist, zu Problemen führen. Geht es bei global verteilten Standorten von Tochterunternehmen um die Frage der Eigenständigkeit versus Zentralisierung, um Bewahrung der eigenen Identität *(corporate identity)* versus *brand*, so geht es bei multikultureller Zusammensetzung der Belegschaft um eine gemeinsame „Sprache“, geteilte Kultur und anschlussfähige Verhaltensweisen.

Dieser Entwicklung muss auch unser Beratungsansatz Rechnung tragen, indem das Beratersystem selbst internationaler wird, sei es intern im Berater-Staff und/oder über Partnernetzwerke. Beraternetzwerke bieten dabei auch den Vorteil, unterschiedliche Kompetenzen, Fach- und Prozess-Know-hows in einem Pool zusammenführen zu können und dann bedarfsbezogen zusammenzuarbeiten.

- Die Herausforderung und Chance für die Zukunft von Beratung besteht dabei darin, bei allen Staff-Mitgliedern und über das gesamte Netzwerk hinweg für eine professionelle, möglichst einheitliche Ausbildung zu sorgen, ohne dass dies nivellierend wirkt. Die integrative Grundlage der beraterischen Arbeit ist und bleibt die gemeinsame (systemische) Haltung (s. Kap. 3.1).

6.3.2 Kunde und Berater bilden eine Entwicklungsgemeinschaft

Ein bewährter Grundsatz systemischer Beratungsansätze lautet: Beratersystem und Klientensystem sollten möglichst Distanz wahren. Begründet wird diese Forderung damit, dass Allparteilichkeit bzw. Unparteilichkeit eine Voraussetzung für professionelle Arbeit ist. Wir vertreten die Position, dass sich in anspruchsvollen Entwicklungsprojekten zwischen Beratersystem und Klientensystem eine enge *Entwicklungsgemeinschaft* als notwendig und sinnvoll herausstellt.

Wir haben immer wieder erlebt, dass bei Veränderungsprojekten der Erfolgsdruck auf die Beteiligten und auf das Beratersystem enorm ist. Dieser Druck schweißt die Akteure zusammen. Gemeinsame Misserfolge und Erfolge sind emotional aufgeladene Erlebnisse, die verbinden und Energien freisetzen. In diesem Sinne wachsen Klientensystem und Beratersystem durch die gemeinsame Geschichte, getragen durch Vertrauen und Sympathie, zusammen. Wir wollen diese positiven Gefühle und Erfahrungen nicht missen. Erfolge zu feiern ist schön und wichtig, denn Freude ist eine wichtige Sinndimension und entschädigt für so manche Rückschläge und Mühen.

Einen weiteren, inhaltlich essentielleren Aspekt des Zusammenwachsens von Klientensystem und Beratersystem sehen wir in der *Koevolution.* In der Entwicklungsgemeinschaft von Klientensystem und Beratersystem, im Berater-Klienten-System, agiert das Beratersystem im Auftrag und im Interesse der Unternehmensführung. Bei längeren, komplexen Beratungsprojekten führt dies dazu, dass auch die Auftraggeber und Beteiligten bestimmte Beratungs- bzw. systemische Interventionsfunktionen übernehmen und sich unser Know-how aneignen.

- Im Zuge der gemeinsamen Arbeit lernt das System, Schritt für Schritt „systemisch" zu denken und zu agieren. Wenn das Systemdenken auch in der Führung verankert ist, sind Entwicklungsprozesse im Unternehmen nachhaltiger verankert und das Beratersystem kann sich zurückziehen. Coevolution bedeutet ein „mentales" Zusammenwachsen von Klientensystem und Beratersystem.

Auch für das Beratersystem bedeutet die Entwicklungsgemeinschaft gemeinsames Lernen. Weil systemische Interventionen nur eine Berechtigung haben und Sinn ergeben, wenn dadurch Lern- und Veränderungsprozesse ausgelöst werden, muss das Beratersystem auch Verantwortung und indirekt Führungsfunktionen übernehmen. Dabei muss es lernen, auch die Logik der *hard facts* zu verstehen und sie in die systemische Arbeit zu integrieren.

Ein weiterer, eng mit dieser Problematik zusammenhängender Aspekt ist die Notwendigkeit der Arbeitsteilung zwischen internen und externen Beratungsfunktionen. Viele dieser Funktionen können von immer mehr und immer besser ausgebildeten Organisationsmitgliedern selbst wahrgenommen werden. Dabei kann die Verantwortung dafür, die Kompetenzen zur Steuerung von Veränderungsprozessen innerhalb der Organisation aufzubauen, verstärkt intern getragen werden.

- Externe Berater werden daher bewusster und gezielter eingesetzt werden. Die interne Verankerung der Verantwortlichkeit für Prozesssteuerung wirkt sich auch in einer höheren Nachhaltigkeit von Veränderungen aus: Die Betroffenen verantworten die Umsetzung selbst.

Vor diesem Hintergrund wird verständlich, warum die Qualifikationsanforderungen an systemische Organisationsberater weiter steigen werden bzw. schon gestiegen sind. Es genügt nicht mehr, sich das Etikett „systemisch" umzuhängen oder bloß Kommunikationsprozesse zu moderieren.

6.3.3 Professionalisierung – das Zusammenspiel von Prozess- und Fachberatung – Komplementärberatung

Unter Prozessberatung verstehen wir, wie oben ausgeführt, beraterische Interventionen in die Dynamik des organisationalen, sozialen Eigenlebens von Organisationen, d. h. sie zielt auf Steuerung von Kommunikations- und Interaktionsprozessen in und zwischen Organisationen und deren Umwelten. Fachberatung hingegen zielt auf Optimierung von standardisierten Geschäftsprozessen. Beide Ansätze von Beratung dienen letztlich der Steigerung der Wertschöpfungsfähigkeit von Unternehmen und sind selbst den ökonomischen Zwängen wie Kostendruck, Zeitdruck, Umsetzungsstärke, Qualitätssicherung, Nachhaltigkeitsorientierung etc. unterworfen.

Dies bedeutet für systemische Beratung, dass sie ihren Beitrag zur Wertschöpfung unter Beweis stellen muss (vgl. Wimmer 2004). Das kann aber unter verstärkten Wettbewerbsbedingungen, knapperen Ressourcen und härteren Qualitätsdiskursen und Kostendruck nur gelingen, wenn nicht nur Beratung ökonomisch effizient und zielgerecht eingesetzt wird, sondern auch wertschöpfungsrelevante Geschäftsprozesse berücksichtigt werden.

- Wir vertreten die Ansicht, dass sich systemische Prozessberatung daher verstärkt um das Fachwissen relevanter Geschäftsprozesse kümmern müssen wird. Ebenso wird es umgekehrt nötig sein, dass sich die Fachberater Prozess-Know-how aneignen, um Konzepte rascher und nachhaltiger umsetzen zu können. In der Integration beider Know-how-Bereiche liegt unserer Meinung nach die Zukunft von professioneller Beratung.
- Das Nacheinander oder Nebeneinander von Beratungsansätzen ist aus Kundensicht nicht mehr zielführend und nutzbringend.

Neue Beratungsmodelle, z. B. die Komplementärberatung (s. Königswieser et al. 2006), stellen den Nutzen des Kunden in den Mittelpunkt.

Wie kann dieses Zusammenspiel von Fach- und Prozessberatung aussehen?

Das Komplementär-Modell greift den scheinbaren Widerspruch zwischen harten und weichen Faktoren in spezieller Weise auf. Die Entwicklung von Unternehmen spielt sich vereinfacht immer in einer oder mehreren Dimensionen (Strategie, Struktur, Kultur) ab. Der komplementäre Ansatz trägt dem Umstand Rechnung, dass sich die drei Themenfelder wechselseitig beeinflussen und voneinander abhängig sind. Deshalb sind diese auch integrativ zu handhaben. Losgelöste Einzelmaßnahmen, z. B. eine Optimierung der Abläufe, sind ohne Musterveränderung der Zusammenarbeit nicht ausreichend. Statt „Idealprozesse" zu kreieren und parallel dazu „ideale" Teamentwicklungsmaßnahmen zu setzen, geht es beim Thema Prozessoptimierung vielmehr darum, selbst die zu verändernden Verhaltensmuster und deren Einfluss auf die Abläufe zu verstehen und zu bearbeiten. Vier Elemente sind in diesem Ansatz besonders wichtig (s. Abb. 23):

- *Komplementarität* bedeutet die Ergänzung des unterschiedlichen Beraterwissens. Metaphorisch ausgedrückt kann man auch von „Sehen mit zwei unterschiedlichen Augenpaaren" sprechen, mit denen man ein größeres Blickfeld abdeckt, sich eine mehrdimensionale Perspektive schafft.
- Das zweite Element ist die *Kompensation*. Je nachdem, welches Fach- oder Prozess-Know-how im Kundensystem vorhanden ist, wird das externe Wissen kompensatorisch zur Verfügung gestellt. Das erfordert eine Einschätzung der Fähigkeiten und Defizite, die in der Organisation vorhanden sind, um nicht zu viel und nicht zu wenig anzubieten, um Sicherheit zu geben, ohne zu bevormunden.
- Das dritte Element ist das *integrierte Ergebnis*. Die Integration von Fach- und Prozess-Know-how stellt eine Balance zwischen zu Beginn klar formulierten Zielen und sich im Projektverlauf verändernden Ergebniserwartungen her. Eine roulierende Planung gibt Orientierung und trägt gleichzeitig den veränderten Umständen Rechnung.

- Das vierte Element ist die *Haltung* (s. Kapitel 3.1). Diese ist nicht eine Mischung aus der Haltung von Fach- und Prozessberatern, sondern erschließt vielmehr eine qualitativ neue Dimension, die zum einen durch ein kontextabhängiges Oszillieren zwischen den idealtypischen Polen auf dem Kontinuum gekennzeichnet ist und zum anderen völlig neue Perspektiven eröffnet.

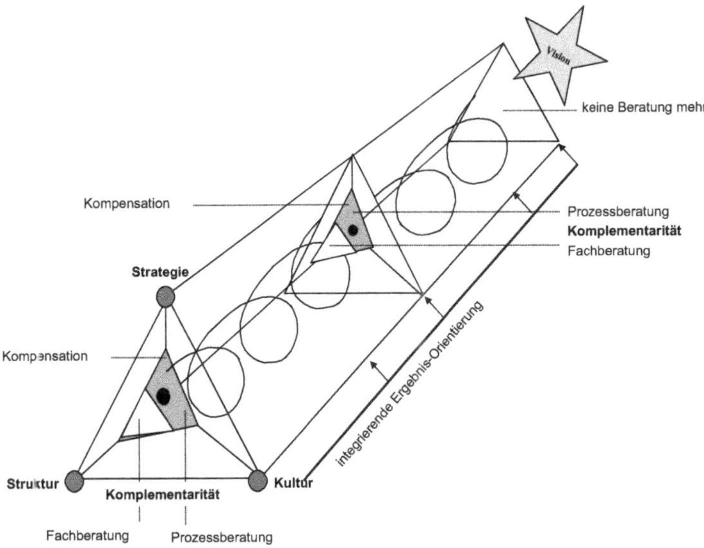

Abb. 23: Komplementarität, Komplementarität und integrierte Ergebnisintention

Wir wollen den Komplementäransatz kurz und pointiert an einem Beispiel beschreiben:

Im Hinblick auf eine absehbare Verschärfung der Wettbewerbssituation muss sich ein ertragsstarkes Unternehmen verändern. Ziel des hier beschriebenen Projekts ist die Reduzierung der Strukturkosten um 15 Prozent bei gleichzeitiger Erhöhung der Effektivität durch Konzentration auf Kernprozesse um 20 Prozent. Das Subprojekt „Potenziale" arbeitet nach einer intensiven Teamentwicklung mutig, innovativ und ohne Tabus. Das Gesamtinteresse steht im Vordergrund. Unser Beraterteam, d. h. ein Experte für Einsparungspotenziale und ein Experte für Prozessthemen, gehen von der Ist-Situation aus: zuerst in freiem Brainstorming zur Identifikation der „fündigsten Bohrstellen". Die Vorschläge werden dann unter Berücksichtigung der vorhandenen Unternehmensstrategie durch gezielte Analysen und Zahlen erhärtet beziehungsweise wieder verworfen. Es gibt gegen Ende der Arbeitszeit auch eine Verzahnung mit dem Teilprojekt „Neue Struktur" und deren Effizienzanalysen und Branchenvergleiche.

Wir unterstützen die Subprojekte auf der einen Seite methodisch, reflexiv und prozessual und verstehen uns gleichzeitig als inhaltliche „Sparringpartner", die sich positionieren, neue Ideen einbringen. Inhaltliche Inputs und Reflexionsphasen, in denen über Blockaden, Gefühle und Beziehungen gesprochen wird, wechseln sich je nach Bedarf ab. Es wird dabei aber nur jenes Wissen eingebracht (Kompensation), das im Klientensystem zu wenig vorhanden ist. Dieser integrierte Ansatz ist in der Praxis schwer zu leben, weil die Paradigmen und Haltungen der Fach- bzw. Prozessberater meist nicht zusammenpassen.

Wir freuen uns über die lebhaften, differenzierten und teilweise auch positionierenden Diskussionen in den letzten Jahren (z. B. in der ZOE, u. a. Königswieser, Lang und Wimmer, 2009). Es zeigt die Relevanz des Themas – diese Aufgabe zu meistern wird unserer Meinung nach die beraterische Herausforderung schlechthin sein.

Wir wissen, dass wir mit Annahmen und Unklarheiten leben und agieren müssen. Das gilt insbesondere für zukünftige Entwicklungen. Forschung, Dialog und Experimente sind unserer Erfahrung nach gute Mittel, um mit Unsicherheit umgehen zu lernen. Und für uns erweist sich immer wieder das Motto als hilfreich: „Neue Wege entstehen beim Gehen".

Anmerkungen

1 Der Begriff „Ansatz“ wird in der psychotherapeutischen Literatur häufig verwendet und bedeutet eine ganz bestimmte Weise des Herangehens an praktische Probleme, die sich auf ein bestimmtes theoretisches Konzept stützt. Daher auch die Wortkombination „systemischer Beratungsansatz“.

2 Vgl. Königswieser u. Exner (2004). Darin sind unabhängig von Projekten eine Reihe von Architektur- und Designbeispielen dargestellt.

3 „Problematisch“ beschreibt in der ursprünglichen Wortbedeutung Situationen der Unsicherheit und Ungewissheit. Man kann daher sagen, dass wir in einer problematischen Welt leben, denn wir erleben sie als dynamisch und in ständigem Wandel begriffen.

4 Der Begriff „Prozess“ ist zwar nicht unbedingt ein Schlüsselbegriff systemischer Beratung, er kommt in diesem Buch aber so häufig vor – was auf seine Wichtigkeit hindeutet –, dass wir unsere Verwendung des Begriffs von anderen möglichen Verwendungsweisen abgrenzen wollen. Prozess (lat. *procedere*: „voranschreiten“) kann einen Gerichtsprozess meinen, wird aber üblicherweise für Vorgänge ganz allgemein verwendet. In der Betriebswirtschaft spricht man von Geschäftsprozessen und subsumiert darunter alle Vorgänge und Aktivitäten, die innerhalb der Wertschöpfungskette relevant sind. Zu Produktionsprozessen zählen auch maschinelle, automatisierte Vorgänge. All diese Vorgänge spielen zwar in der systemischen Beratung eine Rolle, aber der Fokus unserer Aufmerksamkeit gilt in erster Linie der Dynamik sozialer Beziehungen. Daher meinen wir mit „Prozess“ menschliches Kommunikationsgeschehen im weiten Sinn: Veränderungen in den sozialen Beziehungen, Organisationsentwicklung, Lernen etc.

5 Ein weiterer, ganz wesentlicher Ursprung der Systemtheorie ist in der „Gestaltpsychologie“ der Berliner Gruppe um Karl Stumpf, Max Wertheimer, Wolfgang Köhler, Kurt Koffka und Kurt Lewin zu sehen. Der Wiener Psychologe Christian von Ehrenfels hatte den Begriff „Gestalt“ 1890 in die Psychologie eingeführt, und Kurt Koffka hatte dann 1935 nach seiner Emigration in die USA die Gestalttheorie zu einer Theorie mit universellem Geltungsanspruch erklärt. Die Gestalt, das Ganze hat nach Wertheimer Eigenschaften, die in seinen „Teilen“ nicht vorfindbar sind, und jeder Einzelinhalt ändert sich, wenn er zum Teil in einem Ganzen wird (Wertheimer 1925). Kurt Lewin hat dann 1942/44 mit seiner „Feldtheorie“ das dynamische Beziehungs- und Spannungsgeflecht in sozialen Gebilden (Gruppendynamik) untersucht und damit einen wesentlichen Baustein der soziologi-

schen, sozialpsychologischen Systemtheorie entwickelt (Paul Watzlawick, Chris Argyris; Edgar Schein). Die Geschichte der Entwicklung von Gestalttheorie und Systemtheorie ist also ziemlich verschlungen. In diesem Zusammenhang sollte das zerstörerische Potenzial der „Reduktion von Komplexität" nicht vergessen und – stellvertretend für alle anderen – auf das Drama der europäischen Geistesgeschichte im 20. Jahrhundert hingewiesen werden: Die nationalsozialistische Verfolgung, Vertreibung und Vernichtung der geistigen und künstlerischen Elite unter dem Anwurf der „rassischen Minderwertigkeit".

6 Der Titel der Schriften sagt sehr viel aus über die neue wissenschaftliche Ausrichtung: *Der logische Aufbau der Welt.* R. Carnap (1928); *Schriften zur wissenschaftlichen Weltauffassung* (1929–1937); *Einheitswissenschaft.*

7 „Differenz" bezeichnet den Umstand, dass Lebewesen ständig damit beschäftigt sind, sich selbst abzugrenzen, am Leben zu erhalten und sich nicht auflösen zu lassen durch die Umwelt. Gleichzeitig müssen sie mit dieser Umwelt permanent Austausch pflegen, um überleben zu können. Die Differenz zwischen System und Umwelt ist also Abgrenzung und Verbindung zugleich.

8 Beachten Sie bitte die Jahreszahlen und Wirkungsstätten. Zu den einzelnen Wissenschaftlern wollen wir hier keine Literaturangaben anfügen, weil deren Schriften leicht im Internet zu recherchieren sind.

9 Systemtheoretiker sprechen von offenen und geschlossenen Systemen. „Offen" sind lebende Systeme insofern, als sie mit ihrer Umwelt kommunizieren und sich weiterentwickeln. Im Hinblick auf Informationsprozesse sind sie aber als „geschlossen" zu betrachten. Dazu später im Text ausführlicher.

10 Einen Einblick in die Problematik gibt Bernhard Pörksen in seinen Gesprächen mit namhaften Systemtheoretikern (2001).

11 Die Unterscheidung zwischen digitaler und analoger Kommunikation stammt von P. Watzlawick (2000). Analog in diesem Zusammenhang meint, dass ein „sprachliches" Zeichen ähnlich wie bei Computerprogrammen für etwas genau Definiertes steht. Im Unterschied zur digitalen Codierung haben analoge Kommunikationsmedien, wie z. B. Symbole, Sinnbilder, Metaphern, Allegorien, eine nicht genau definierbare Bedeutungsebene. Sie sprechen nichtrationale, emotionale, unbewusste Bereiche im Menschen an. So kann man zwar erklären, was z. B. das Schlangensymbol bedeutet – Gefahr, Gift, Tod, aber auch Leben, Heilkraft, Medizin etc. –, aber was sich beim Anblick des Symbols im Kopf bzw. „Gemüt" eines Menschen abspielt, kann man nicht oder nur sehr schwer beschreiben. Außerdem gibt es auch kulturspezifische Unterschiede bei dieser Art von „Gestaltwahrnehmung".

Literatur

Andersen, T. (Hrsg.) (1991): Das reflektierende Team. Dortmund (Modernes Leben).

Argyris, C. u. D. A. Schön (1999): Die lernende Organisation. Stuttgart (Klett-Cotta).

Baecker, D. (1999): Organisation als System. Frankfurt a. M. (Suhrkamp).

Bateson, G. (1995): Kommunikation. Heidelberg (Carl-Auer).

Bateson, G. (2000): Geist und Materie. Frankfurt a. M. (Suhrkamp).

Bertalanffy, L. von (1976): General System Theory. Foundation, Development, Application. New York (Braziller).

Bourdieu, P. (1985): Praktische Vernunft. Zur Theorie des Handelns. Frankfurt (Suhrkamp).

Burmeister, L. u. L. Steinhilper (Hrsg.) (in Vorb.): Gescheiter Scheitern. Heidelberg (Carl-Auer).

Capra, F. (2000): Die Capra Synthese. München (Knaur).

Drucker, P. (1993): Die postkapitalistische Gesellschaft. Düsseldorf (Econ).

Drucker, P. (1998): Die Praxis des Managements. Düsseldorf (Econ).

Elkaim, M. (1992): If you Love me, don't Love me. New York (Basic).

Foerster, H. von (1984): Prinzipien der Selbstorganisation im sozialen und betriebswissenschaftlichen Bereich. In: ders.: Wissen und Gewissen. Frankfurt am Main (Suhrkamp), S. 233–269.

Foerster, H. von u. B. Pörksen (2001): Wahrheit ist die Erfindung eines Lügners. Gespräche für Skeptiker. Heidelberg (Carl-Auer).

Froschauer, U. u. M. Lueger (2003): Das qualitative Interview. Wien (WUV).

Geier, M. (1995): Der Wiener Kreis. Reinbek (Rowohlt).

Giesen, B. (1991): Die Entdinglichung des Sozialen. Frankfurt a. M. (Suhrkamp).

Gmür, M. (1993): Organisationstheorien. Entwicklungslinien – Systematik – Kritik. In: R. G. Klimecki (Hrsg.): *Management Forschung und Praxis* 7. Verfügbar unter: http://nbn-resolving.de/urn:nbn:de:bsz:352-opus-3369 [19.10.2009].

Hedberg, B. (1981): How Organizations Learn and Unlearn. In: P. C. Nystrom a. W. H. Starbuck (eds.): Handbook of Organizational Design. Vol. 1. Oxford (Oxford Univ. Press), pp. 3–27.

Hedberg, B. a. R. Wolff (2001): Organizing, Learning, and Strategizing. From Construction to Discovery. In: M. Dierkes, A. B. Antal, J. Child a. I. Nonaka (eds.): Handbook of Organizational Learning and Knowledge. New York (Oxford University Press), pp. 535–556.

Hillebrand, M., J. Ortner, L. Burmeister, A. Krieter a. A. Wendorff (2005): Personell Cutbacks. Losing your Job: Disaster or Opportunity? In: R. Königswieser a. M. Hillebrand (ed.): Systemic Consultancy in Organisations. Concepts – Tools – Innovations. Heidelberg (Carl-Auer).

Hillebrand, M., E. Sonuç u. R. Königswieser (Hrsg.) (2006): Essenzen der systemischen Organisationsberatung. Konzepte, Kontexte und Kommentare. Heidelberg (Carl-Auer).

Janik, A. u. S. Toulmin (1998): Wittgensteins Wien. Wien (Döcker).

Koffka, K. (1935): Principles of Gestaltpsychology. London (Lund Humphries).

Königswieser, R. (1987): Wahrnehmungsfilter. *gdi impuls* 3: 37–44.

Königswieser, R. u. M. Keil (Hrsg.) (2000): Das Feuer großer Gruppen. Stuttgart (Klett-Cotta).

Königswieser, R. u. A. Exner (2004): Systemische Intervention. Stuttgart (Klett-Cotta).

Königswieser, R. u. P. Heintel (1997): Teams als Hyperexperten im Komplexitätsmanagement. In: H. Ahlemeyer u. R. Königswieser (Hrsg.): Komplexität managen. Strategien, Konzepte und Fallbeispiele. Wiesbaden (Gabler).

Königswieser, R. u. C. Lutz (1992): Das systemisch-evolutionäre Management. Der Horizont für Unternehmer. Wien (Orac).

Königswieser, R., S. Artho u. J. Gebhardt (2004): Blick in den erlauchten Kreis. Eine Studie über die Aufsichts- und Verwaltungspraxis. *OrganisationsEntwicklung. Zeitschrift für Unternehmensentwicklung und Changemanagement* 1: 4–13.

Königswieser, R., U. Cichy u. G. Jochum (2001): SIMsalabim. Veränderung ist keine Zauberei. Systemisches IntegrationsManagement. Stuttgart (Klett-Cotta).

Königswieser, R., E. Sonuç u. J. Gebhardt (2005): Integrierte Fach- und Prozessberatung. In: M. Mohe (Hrsg.): Innovative Beratungskonzepte. Leonberg (Rosenberger Fachverlag).

Königswieser, R., E. Sonuç, J. Gebhardt u. M. Hillebrand (2006): Komplementärberatung. Das Zusammenspiel von Fach- und Prozess-Knowhow. Stuttgart (Klett-Cotta).

Königswieser, R., E. Lang u. R. Wimmer (2009): Komplementärberatung. *ZOE, 2009*(01), 46-53.

Königswieser, R. u. U. Königswieser (2009): Gegensätze verschmelzen. Komplementärberatung. *ManagerSeminare* 132: 18–24.

Laing, R. D. (1977): Das Selbst und die Anderen. Reinbek (Rowohlt).
Lewin, K. (1942): Field Theory of Learning. *Yearb. Nat. Soc. Stud. Educ.* 41, 215–242.
Lewin, K. (1944): Dynamics of Group Action. *Educ. Leadership* 1: 195–200.
Luhmann, N. (1984): Soziale Systeme. Frankfurt a. M. (Suhrkamp).
Maturana, H. R. u. F. J. Varela (1984): Der Baum der Erkenntnis. München (Goldmann).
Nonaka, I.. a. T. Takeuchi (1995): The Knowledge Creating Company. New York (Oxford University Press).
Olson, M. (2000): Power and Prosperity. New York (Basic).
Ortner, J. (2003a): Erwartungshorizonte und Erwartungslandschaften. Ein Versuch, die Werte und Sinnfrage ins Spiel zu bringen. In: B. Wyssusek (Hrsg.): Wissensmanagement komplex. Berlin (Erich Schmidt), S. 309–333.
Ortner, J. (2003b): Funktion und Struktur von Netzwerken in Kommunikationsräumen. In: M. Graggober, J. Ortner, M. Sammer (Hrsg): Wissensnetzwerke. Wiesbaden (Deutscher Universitätsverlag), S. 73–111.
Piaget, J. (1992): Einführung in die genetische Erkenntnistheorie. Frankfurt a. M. (Suhrkamp).
Pörksen, B. (2001): Abschied vom Absoluten. Gespräche zum Konstruktivismus. Heidelberg (Carl-Auer). [2. Aufl. (2002): Die Gewissheit der Ungewissheit.]
Prigogine, I. a. I. Stengers (1984): Order out of Chaos. New York (Ban-tam).
Schlippe, A. v. u. J. Schweitzer (2007): Lehrbuch der systemischen Therapie und Beratung. Göttingen (Vandenhoeck & Ruprecht), 10. Aufl.
Selvini Palazzoli, M., S. Boscolo, G. Cecchin u. G. Prata (1984): Paradoxon und Gegenparadoxon. Stuttgart (Klett-Cotta).
Senge, P. (1996): Die fünfte Disziplin. Stuttgart (Klett-Cotta).
Simon, F. B. (2006): Einführung in Systemtheorie und Konstruktivismus. Heidelberg (Carl-Auer).
Vester, F. (1983): Unsere Welt – ein vernetztes System. München (DTV).
Watzlawick, P. (2000): Menschliche Kommunikation. Bern (Huber).
Watzlawick, P., J. H. Beavin u. D. Jackson (2000): Menschliche Kommunikation. Formen, Störungen, Paradoxien. Bern (Hans Huber).
Wertheimer, M. (1925): Was ist, was will Gestalttheorie? (Abdruck des Vortrags vor der KANT-Gesellschaft, 17.12.1924). *Philosophische Zeitschrift für Forschung und Aussprache* 1: 39–60.
Weick, K. E. (1985): Der Prozeß des Organisierens. Frankfurt a. M. (Suhrkamp).
Willke, H. (2000a): Systemisches Wissensmanagement. Stuttgart (UTB).
Willke, H. (2000): Systemtheorie. Stuttgart (UTB).
Wimmer, R. (2004): Organisation und Beratung. Heidelberg (Carl-Auer).

Über die Autoren

Roswita Königswieser, Dr. phil.; Geschäftsführende Gesellschafterin von *Königswieser & Network GmbH, Komplementäre Beratung und systemische Entwicklung;* Tätigkeitsschwerpunkte: Komplexe, nachhaltige Veränderungsprozesse in Mittel- und Großunternehmen, Coaching von Topmanagern, Weiterbildung von Veränderungsmanagern und Beratern im Komplementäransatz, zahlreiche Publikationen.

Kontakt: www.koenigswieser.net

Martin Hillebrand, Co 13, Gruppe für systemische Beratung, Geschäftsführender Gesellschafter. Studium der Psychologie, Ausbildung in Gesprächspsychotherapie nach Rogers und Langzeitausbildung zum systemischen Berater; Arbeitsschwerpunkte: Gestaltung und Begleitung von komplexen und nachhaltigen Veränderungsprozessen; Umsetzung von Strategien; Weiterbildung für Veränderungsmanager und Berater. Veröffentlichung u. a.: *Systemic Consultancy in Organisations. Concepts – Tools – Innovations* (zus. mit R. Königswieser).

Kontakt: m.hillebrand@co13.de

Hinweis: Zu dieser *Einführung in die systemische Organisationsberatung* ist unter gleichem Titel ein Hörbuch mit 4 CDs erschienen (Carl-Auer Verlag, ISBN 978-3-89670-268-5).